成长智慧丛书 | 陆明主编

鬼谷子

（战国）鬼谷子◎著　冠诚◎编

中国文史出版社

图书在版编目（CIP）数据

鬼谷子/（战国）鬼谷子著；冠诚编．—北京：中国文史出版社，2019.9（2019.11 重印）

（成长智慧丛书/陆明主编）

ISBN 978－7－5205－1342－5

Ⅰ．①鬼… Ⅱ．①鬼… ②冠… Ⅲ．①纵横家②《鬼谷子》－通俗读物 Ⅳ．①B228－49

中国版本图书馆 CIP 数据核字（2019）第 201754 号

责任编辑：刘 夏
封面设计：周 飞

出版发行：**中国文史出版社**
社 址：北京市海淀区西八里庄路 69 号 邮编：100036
电 话：010－81136606 81136602 81136603（发行部）
传 真：010－81136655
印 装：天津昊天印务有限公司
经 销：全国新华书店
开 本：880×1230 1/32
印 张：24 字数：395 千字
版 次：2019 年 9 月北京第 1 版
印 次：2019 年 11 月第 2 次印刷
定 价：160.00 元（全四册）

前 言

鬼谷子，姓王名诩（或利），又名王禅，人称“王禅老祖”，号玄微子，一说春秋战国时期卫国朝歌（今河南省鹤壁市淇县）人；一说是战国时期魏国邺地（今河北省邯郸市临漳县香菜营乡谷子村）人。春秋战国时期著名的兵家、道家、谋略家代表人物，还是纵横家的鼻祖，是中国历史上一位极具神秘色彩的人物。他长于修身养性，精于心理揣摩，深明刚柔之势，通晓纵横捭阖之术，独具通天之智。因他隐居于清溪的鬼谷之中，故世人称其为“鬼谷先生”。

鬼谷子在中国历史上是一位显赫人物，是“诸子百家”之一。他既有政治家的韬略，又兼阴阳家的祖宗衣钵、预言家的江湖神算，并且精通兵法、武术、奇门八卦，所以世人称鬼谷子是一位奇才、全才。

对于鬼谷子，最早的记载是司马迁的《史记》。《史记·苏秦列传》中说：“苏秦者，东周洛阳人也。东事师于齐，而习之于鬼谷先生。”道家把鬼谷子奉为“古之真仙”，相传其曾活了百余岁，而后不知去向。

鬼谷子的主要著作有《鬼谷子》及《本经阴符七术》。《鬼谷子》又叫作《捭阖策》，侧重于权谋策略及言谈辩论技巧，此书完整地保留在道家的经典《道藏》之中。《鬼谷子》共有十四篇，其中第十三、十四篇已失传。《鬼谷子》的版本，常见者有道藏本及清嘉庆十年江都秦氏刊本。《本经阴符七术》则集中讲述了养神蓄锐之道。前三篇说明如何充实意志，涵养精神，后四篇讨论如何将内在的精神运用于外，如何以内在的心神去处理外在的事物。

《鬼谷子》一书，主要涉及谈判、游说等内容，但是由于其中涉及大量的谋略问题，而且与军事问题触类旁通，因此也可称为兵书。此书以实用主义为思想主线，认为可以利用一切合理手段以求达到目的。

《鬼谷子》一书，历来被人们称为“智慧禁果，旷世奇书”，它在中国传统文化中颇具特色，被称为“乱世之学说，乱世之哲学”。它在世界观方面讲求实用主义，讲求名利与进取，而在方法上则讲求顺应时势，知权善变。因此，《鬼谷子》所倡导的是一种讲求行动的实践哲学。

《鬼谷子》作为一部谋略学的巨著，一直为中国古代军事家、政治家和外交家所研读。本书秉着“取其精华，弃其糟粕”的原则，以内政、外交、战争、商务公关、职场以及日常生活中的故事为典型案例，深入浅出地向读者解读和剖析了《鬼谷子》的智慧精髓和谋略精华，实为当代政界、企业界、商界等领域的人士所必读之智慧宝典。

目录

第一篇　捭阖术

第一章　阴阳刚柔之道 / 2
第二章　度权量能，任人唯贤 / 5
第三章　周详而隐秘的捭阖之术 / 7
第四章　“道”在于如何说 / 10
第五章　懂得示弱，以小忍换大谋 / 14

第二篇　反应术

第一章　观今鉴古，上下求索 / 18
第二章　因其言，听其辞 / 21
第三章　欲擒故纵，欲取反与 / 24
第四章　自知而后知人 / 28

第三篇　内揵术

第一章　遵循顺畅的途径 / 32
第二章　切磋琢摩形势，从便利处入手 / 35
第三章　坚持已见与随机应变 / 37
第四章　圣人谋事，预则立 / 40

第四篇　抵巇术

第一章　万物离合之道 / 44
第二章　知微见著的洞察力 / 48
第三章　穷则思变 / 50
第四章　找准弱点，乘“隙”而入 / 53

第五篇　飞箝术

第一章　笼络人心招贤才 / 56
第二章　钩其所好，以钳求之 / 59
第三章　知己知彼，百战不殆 / 61
第四章　以虚求实，空往而实来 / 63

第六篇　忤合术

第一章　趋合与倍反 / 66
第二章　先计定，后行术 / 70
第三章　御世之能 / 73

第七篇　揣情术

第一章　何谓揣情 / 76
第二章　探测揣情 / 78
第三章　避所短，从所长 / 81
第四章　选择进谏的时机 / 83

第八篇　摩意术

第一章　揣情，摩意 / 86
第二章　谋之于阴，成之于阳 / 88
第三章　圣人独用 / 91
第四章　通晓“揣摩”的玄机 / 94

第九篇 权 术

第一章 饰言，利辞 / 98
第二章 三者呼应，利道而动 / 101
第三章 言有讳忌 / 103
第四章 从其所长，避其所短 / 106
第五章 辞令的五种情态 / 109
第六章 量 权 / 112

第十篇 谋 术

第一章 三仪 / 116
第二章 三才 / 119
第三章 计谋之用 / 123
第四章 圣人之道，在隐与匿 / 127

第十一篇 决 术

第一章 成败在于决断 / 132
第二章 微而施之 / 135

第十二篇 符 言

第一章 主 位 / 138
第二章 主 明 / 141
第三章 主 听 / 143
第四章 主 赏 / 145
第五章 主 问 / 147
第六章 主 因 / 149
第七章 主 周 / 152
第八章 主 恭 / 154

第九章　主　名 / 156

第十三篇　本经阴符七篇

第一章　盛神法五龙 / 160
第二章　养志法灵龟 / 164
第三章　实意法螣蛇 / 168
第四章　分威法伏熊 / 172
第五章　散势法鸷鸟 / 175
第六章　转圆法猛兽 / 178
第七章　损兑法灵蓍 / 181

第一篇　捭阖①术

捭阖是万物运行规律的一种体现，应始终把握事物发展变化的关键，度量对方的智谋，测量对方的能力，再比较技巧方面的长处和短处。

①捭阖：捭，分开、撕裂，敞开心怀积极行动，采取攻势，或接受外部事物及他人的主张和建议。阖，本义为门扇，郑玄注曰：“用木曰阖，用竹苇曰扇”，引申为关闭，关闭心扉，把进来的事物化为自己的事物，或不让外来事物进入，取封闭形态。捭阖，在这里指纵横驰骋，大开大合。这是鬼谷学说中一种基本的方法。

第一章　阴阳刚柔之道

原文

粤若稽古[②]，圣人之在天地间也，为众生之先[③]。观阴阳[④]之开阖以命物[⑤]。知存亡之门户，筹策[⑥]万类[⑦]之终始，达人心之理，见变化之朕[⑧]焉，而守司[⑨]其门户。故圣人之在天下也，自古至今，其道一也[⑩]。变化无穷，各有所归[⑪]：或阴或阳，或柔或刚，或开或闭，或弛或张。

注释

②粤若稽古：粤，语助词；若，顺；稽，考察。粤若稽古，意为按着一定的规律考察历史。③众生之先：众生，众多有生者；先，先知，意指尊者、指导者、先驱者。众生先，在这里指广大生众的老师。④阴阳：阴，本义为山的背阴面；阳，本义为山的朝阳面。此处被引申来概括对立统一的两类事物或现象。⑤命物：辨别事物。⑥筹策：就是计算、谋划。⑦万类：就是万物。⑧朕：征兆，迹象。⑨守司：看守和管理。⑩其道一也：道，大自然的规律。全句指圣人的“道”始终是一样的。⑪归：归宿。

译文

纵观从古至今的历史，可以知道：圣人生活在世界上，就是要成为众人的先导。通过观察阴阳两类现象的变化来对事物做出判断，并进一步了解事物生存和死亡的途径，计算和预测事物的发展过程，通晓人们思想变化的规律，揭示事物变化的征兆，从而把握事物发展变化的关键所在。所以，圣人在世界上的作用始终如一。事物的变化虽然无穷无尽，但是各自都有自己的归宿，是有章可循的：或者属阴，或者归阳；或者柔弱，或者刚强；或者开放，或者封闭；或者松弛，或者紧张。

鬼谷锦囊

刚柔之术是一个人生存和发展的必备武器。刚，是说一个人刚直不阿、坚守自我立场、把持自我原则，即为“方”，但一味地刚，则难免变成脆，脆，则易断，所以不足取；柔，就是要在不失大原则的前提下，在细枝末节和一些技巧上适时、适度地让步、弯曲，以达到双方满意、不失和气的“双赢”状态，即为“圆”，但一味地柔，则难免变成软，软则弱，易受人欺，所以亦不足取。

在生活中不管是交朋友、谈感情还是谈生意、求合作，都应刚柔并济、外圆内方，这样才能顺利而快捷地达成目标，走向成功。

延伸阅读

世间万事万物，都有阴阳、刚柔、开闭、张弛之道，如果能够灵活掌握、运用自如，便可以在人生的各个领域中轻松自如、有所成就。

捭阖之术即为阴阳之术，意思是行事时要或开或合，或阴或阳，灵活处之，多方探寻，必要时以假象迷惑对方，从而达到自己的目的。

一个团队中优秀的将帅，不仅能够善用阴阳，而且还能够刚柔并济甚至以柔克刚。单纯的柔和、软弱，会使自己的力量被削减，以致失败；而一味地刚烈、刚强又只会导致刚愎自用，也是注定要失败的。

汉代的张良给高祖刘邦筹划过许多关系大业成败的重要谋略，其中刚柔并用、以柔克刚、以弱胜强的例子颇多。

当秦军主力与项羽会战时，刘邦决定由南阳入武关攻秦。张良反对硬拼，认为秦军将领是屠户商家出身，商人都重利。张良便劝刘邦以重金招降秦将贾竖，而当贾竖同意投降时，张良又恐士卒不从，乘敌懈怠之机，一举破之，结果直下咸阳，擒获秦王子婴。

后来，楚汉相争，汉弱楚强，张良劝刘邦处处退让，以柔制刚，不但避开了鸿门宴的生命危险，而且取得了汉中、巴蜀之地。接着，张良又建议刘邦火烧栈道，使项羽疏于防范、屡屡上当。最后，刘邦转弱为强，终于以布衣取得天下。

张良的高明谋略，据说来自黄石老人所授的三略。三略并不是一味只讲以弱制强，而是强调刚柔强弱都要得当，做到“柔有所设，刚有所施，弱有所用，强有所加。兼此四者，而制其宜”。所以，不柔不刚、刚柔并济才是最理想的性格特点，才是运用刚柔的最佳状态。

鬼谷子的阴阳之理、刚柔之术、张弛之道对我们的现实人生颇具指导意义。

阴阳协调、风雨调顺、万物各得其所、万事各得其宜是一种顺其自然、合乎自然规律的理想状态。阴阳互补、协调运行，人才能健康，社会才能稳定，大自然才能和谐，做事才能顺利，做人才能安乐。

所谓“文武之道，一张一弛”，无论做任何事，都要张弛有度。一个懂生活、会生活的人，能够兼顾严肃和活泼，该工作的时候工作，该休息的时候休息，潇洒自如。一味地张，就会让自己绷得过紧，往往会导致自己失去弹性和张力；一味地弛，会让自己变得松垮、懒散，往往失去进取心和斗志，从而停步不前。所以，凡事有度、过犹不及。成功的时候不要得意忘形，以免乐极生悲；失败的时候不要灰心绝望、萎靡不振，只要坚持就能峰回路转、柳暗花明。人生之中，任何事情都要保持一个平衡，包括自己的工作和生活，只有有度的人生，才是美丽、成功的人生。

第二章　度权量能，任人唯贤

原文

是故圣人一守司其门户，审察其所先后，度权量能①，校其伎巧短长。夫贤、不肖，智、愚，勇、怯有差②。乃可捭，乃可阖；乃可进，乃可退；乃可贱，乃可贵，无为以牧③之。审定有无，以其实④虚，随其嗜欲⑤以见其志意。微排其所言，而捭反之，以求其实，实得其指⑥，阖而捭之⑦，以求其利⑧。或开而示之，或阖而闭之⑨。开而示之者，同其情也；阖而闭之者，异其诚也。可与不可，明审其计谋，以原其同异。离合⑩有守⑪，先从其志。

注释

①度权量能：测度权衡、比较才能。②有差：各有不同。③以牧：用来掌握。④实：指实情。⑤嗜欲：喜欢，特殊的爱好。⑥指：同“旨”，宗旨。⑦阖而捭之：先封闭，然后再打开。⑧求其利：检讨对方的善恶利害。⑨或开而示之，或阖而闭之：或开放使其显现，或封闭使之隐藏。⑩离合：离，离开，不一致。合，闭合，合拢与“开”相对。⑪守：遵守，信守。

译文

所以，圣人要始终把握事物发展变化的关键，度量对方的智谋，测量对方的能力，再比较技巧方面的长处和短处。至于贤良与不肖，智慧与愚蠢，勇敢与怯懦都是有区别的。所有这些，可以开放，也可以封闭；可以进升，也可以辞退；可以轻视，也可以敬重，要靠无为来掌握这些。考察他们的有无与虚实，通过对他们嗜好和欲望的分析来揭示他们的志向和意愿。适当贬抑对方所说的话，当他们开放以后再反复考察，以便探得实情，切实把握对方言行的宗旨所在，让对方先封闭而后开放，以便抓住有利时机。或者开放，使之显现；或者封闭，使之隐藏。开放使其显现，是因为情趣相同；封闭使之隐藏，是因为诚意不一样。要区分什么可行，什么不可行，就要把那些计谋研究明白、透彻，计谋有与自己不同的，也有与自己相同的，必须有主见，并且区别对待。还要注意跟踪对方的思想活动。

鬼谷锦囊

任人唯贤、唯才是举是真正的用人之道。在竞争激烈的今天，这条法则更是企业用人的王道，是企业用人的精髓所在。今天的人才竞争，归根结底是实力与能力的竞争。很多企业在用人上已经摒弃了“学历至上”的陈腐理念，而是以能力和实力作为用人的首要标尺。

延伸阅读

使用人才一定要度量对方的智谋，测量对方的能力，再比较其技巧方面的长处和短处。所以，用人最重要的一点就是任人唯贤。《尚书》有云：“任官惟贤才。”孔子在回答仲弓问政时也说“举贤才”。

《吕氏春秋》和《左传》中都记载有这样一个故事：

春秋时期晋国大夫祁奚请求退职，晋悼公要他推荐一个有才能的人继任，他推荐了与他有私仇的解狐。解狐上任不久便死去，悼公又要他推荐，他又推荐了自己的儿子祁午。

孔子、韩非子等先贤以及后人都称赞祁奚是个“外举不避仇，内举不避亲”的唯才是举者。这正是任人唯贤的要求和体现。

《大学衍义补辑要》中说：“欲得良将而用之，必不以远而遗，不以贱而弃，不以仇而疏，不以罪而废。”唐太宗说：“用人跟用器物一样，每一种东西都要选用它的长处。”

任人唯贤、用人唯才大可以定国兴邦，小可以让企业兴旺、个人发达。因此，“度权量能，校其伎巧短长”才是用人的不二法门。

第三章　周详而隐秘的捭阖之术

原文

即欲捭之贵周[①]，即欲阖之贵密。周密之贵微，而与道相追[②]。捭之者，料其情[③]也；阖之者，结其诚[④]也。皆见其权衡轻重[⑤]，乃为之度数[⑥]，圣人因而为之虑。其不中权衡度数，圣人因而自为之虑。故捭者，或捭而出之，或捭而内之[⑦]；阖者，或阖而取之，或阖而去之。捭阖者，天地之道。捭阖者，以变动阴阳，四时开闭以化万物[⑧]。纵横[⑨]、反出、反复、反忤[⑩]必由此[⑪]矣。

注释

①欲捭之贵周：周，周全。如果要分析问题，关键在于周详。②与道相追：道，道理、规律。这里指与规律相近的道理。③料其情：就是检查实情。④结其诚：使其诚心坚定。⑤权衡轻重：指权衡、比较谁轻谁重。⑥为之度数：测量重量与长度的数值。⑦或捭而出之，或捭而内之：出之，指出去。内之：收容、接纳。意思是或让对方接纳我的意见，或我接纳对方的意见。⑧四时开闭以化万物：就像春、夏、秋、冬的开始与结束一样，来促使万物发展变化。⑨纵横：自由自在的变化。⑩反出、反复、反忤：或离开，或反回、或复归，或反抗。⑪必由此：必须通过这里。

译文

想实现捭阖之术需要周密的计划，而周密的计划，关键之处便在于行事要不露声色（这样，就与阴阳之道暗合无隙了）。对人使用捭阖之术，或开启引导他，估量出他的情志；或压抑控制他，摸准他的诚意。此外，还要知道他的谋略与措施，凭此做出判断分析。如果他的谋略措施得当，与我们相差不大，我们就可以据此帮他完善谋略措施；如果他的谋略措施失当，与我们相差较大，我们只好舍弃不用，自己另谋良策。因此，对人使用捭阖之术时，或开导他帮他引出策略，或启发他吐露策略以便纳为己用；或抑制他以便于我们顺利起用，或拒斥他弃而不用。捭阖是仿若天地的大道，通过捭阖之术可以使阴阳相互转换，四季相互交替，从而化生万物，纵横、反出、反复、反忤都是在捭阖的基础上发展出来的。

鬼谷锦囊

现代管理学中有一句话："细节决定成败。"在细节为首、效率当先的今天，周密的计划显得更为重要。时间管理专家说，你用于计划的时间越长，你完成计划目标所需要的时间就越短。这两个时间存在着极大的相关性和互补性，就看你怎么做。你是愿意多花一些时间在计划细节上下功夫，还是愿意多花一些时间去调整因为盲目而导致的错误呢?

在人的一生中，每个人都必须做好自己的人生规划，必须具备睿智的眼光和超凡的远见，要全面系统地分析实现既定目标的有利条件和不利因素，或者说，存在哪些方面的机会与威胁。然后，依据上面的分析，确定实现既定目标的具休方案。只有进行周密的计划，才能对那些随时会出现的未知数和变数有所准备，才能在碰到各种各样的突发问题时临危不乱、处变不惊；只有进行周密的计划，才能很明确自己这一步该做什么，下一步该做什么，应该怎样去做。

延伸阅读

实行捭阖之术，必须周详而隐秘，无论做任何事，事先都要有一个周详而严密的规划。凡事只有有周详而严密的计划，做起来才能得心应手、游刃有余，成功的概率才会更大。

俗话说："凡事预则立，不预则废。"周密的计划是做事成功的基础。一个团队也好，一个自然人也罢，做事都要有计划，越是重要的事计划越应周密。做什么、不做什么，先做什么、后做什么，粗做什么、细做什么，资源如何配置等等，都要依据实际情况计划周详。没有周密的、切实可行的计划，要很好地完成一件事几乎是不可能的。

细节是和计划密不可分的一个最重要因素。细节始于计划，在你制订计划时，应对所要进行的事情的每一个环节做出深入细致的规划，保证每个环节都有一个目标，都有法可依、有章可循，每一个流程、每一个动作，都要进行量化，都要从细节去分析。计划做得越周密，细节做得越到位，做起事情来就越得心应手，越容易取得成功。细节不仅是一种态度，更是一种能力，细节决定修养，细节体现艺术，细节隐藏机会，细节凝结效率，细节创造效益。

所以，无论做什么事情，制订一个详细、周密的计划都是非常重要的，它可以帮你从容地应对和解答事情的未知数，帮你把事情的细节不断量化。过去的人们常说：“别老坐在这里了，赶紧去干活吧!”而今天我们则大力倡导：“别忙着干活，先坐下来想一想吧!”

第四章 “道”在于如何说

原文

捭阖者，道之化，说之变[①]也；必豫审其变化，吉凶大命系焉。口者，心之门户也，心者，神之主也。志意、喜欲、思虑、智谋，此皆由门户出入，故关之以捭阖，制之以出入。捭之者，开也、言也、阳也；阖之者，闭也、默也、阴也。阴阳其和，终始其义[②]。故言长生、安乐、富贵、尊荣、显名、爱好、财利、得意、喜欲为阳，曰“始”。故言死亡、忧患、贫贱、苦辱、弃损、亡利、失意、有害、刑戮、诛罚为阴，曰“终”。诸言[③]法阳之类者，皆曰“始”，言善以始其事；诸言法阴之类者，皆曰“终”，言恶以终其谋。

注释

①道之化，说之变：道的变化规律，说的变化形态。②终始其义：始终保持的义理，即善始善终。③诸言：各种言论。

译文

开放和封闭是万物运行规律的一种体现，是游说活动的一种形态。人们必须首先慎重地考察这些变化，事情的吉凶，人们的命运都系于此。口是心灵的门和窗户，心灵是精神的主宰。意志、情欲、思想和智谋都要由这个门窗出入。因此，用开放和封闭来把守这个关口，以控制出入。所谓“捭之”，就是开放、发言、公开；所谓“阖之”，就是封闭、缄默、隐匿。阴阳两方相协调，开放与封闭才能有节度，才能善始善终。所以说长生、安乐、富贵、尊荣、显名、嗜好、财货、得意、情欲等，属于“阳”的一类事物，叫作“开始”。而死亡、忧患、贫贱、羞辱、毁弃、损伤、失意、灾害、刑戮、诛罚等，属于“阴”的一类事物，叫作“终止”。凡是那些遵循“阳道”的一派，都可以称为“新生派”，他们以谈论“善”来开始游说；凡是那些遵循“阴道”的一派，都可以称为“没落派”，他们以谈论“恶”来终止其计谋。

鬼谷锦囊

掌握和运用捭阖术，就是要做到阴阳平衡、进退有度、趋利避害、稳操胜券。通过对捭阖之道的理解和分析，我们可以总结出以下几点人生智慧。

第一，处世之道。人生要捭阖有度，进退自如，这是为人处世的宗旨和要领。进和退是人生截然不同的两种选择，这种灵活的选择是一种随机应变的智慧，往往会对以后的人生轨迹带来很大的影响。在顺境中，有很多机遇和“天时”“地利”的有利条件，一定要坚决果断地把握机会，大踏步前进；在逆境中，有很多挑战和阻碍前进的不利因素，你必须暂时停下脚步思考。

第二，待人之道。人世间，人和人是千差万别的，所以，我们对待不同的人就要用不同的应对方法：对贤德之人要赞颂、褒奖，对不肖之人要惩戒、教育；对聪明之人要器重、提拔，对糊涂之人要开导、舍弃；对勇敢之人要敬重，对怯懦之人要鼓励；等等。运用到企业管理领域，用人要量体裁衣、因材定岗、因人施管；运用到教育领域，要因材施教、因人而异；等等。总之，我们要做到：识人心、待人正、用人长。

第三，谈判之道。谈判讲求“知己知彼”：可以“合”上自己，不让对方察觉自己的真实意图，“合”的目的是更好地了解对方的实力和意图，以争取和寻找最佳合作方案。可以“开”启自己，让对方知道自己的真实意图。但是要“开”，必须考虑周详才能在谈判中达成双方共识，实现“双赢”。

第四，“开口”之道。俗语说：“病从口入，祸从口出”“一言可兴邦，一言可丧国。”口是心灵的关口，用开阖之法把守这个关口，当开则开，当闭则闭；当多则多，当少则少；当高则高，当低则低；当急则急，当缓则缓；当硬则硬，当软则软。只有这样，才能做到言谈有度，挥洒自如。

第五，商战之道。在商海里，倘若遇到强硬劲敌，可采用“捭”，以势压人；亦可采用“阖”，以柔克刚。若是遇到弱小对手，则比较适于采用“阖”，以德服人；但同样可采用“捭”，兼并收购。一言以蔽之，在商战中，掌握了捭阖之术，就是掌握了制胜之术，就能纵横商海。

延伸阅读

鬼谷子认为，掌握并灵活运用捭阖之术，便能洞悉世事、人情练达，万事皆能获得成功。

战国时代纵横家的代表人物苏秦游说六国的活动，就是运用捭阖之术进行游说的典型。

战国时期苏秦游说六国，力主合纵抗秦。

苏秦起先主张连横，劝秦惠王说：“大王您的国家，西面有巴、蜀、汉中的富饶；北面有胡、貉和代、马的物产；南面有巫山、黔中的屏障；东面有肴山、函谷关的坚固。耕田肥美，百姓富足，战车有万辆，武士有百万，在千里沃野上有多种出产，地势形胜而便利，这就是所谓的天府，天下显赫的大国啊！凭着大王的贤明，士民的众多，车骑的充足，兵法的教习，可以兼并诸侯，独吞天下，称帝而加以治理。希望大王能对此稍许留意，我请求协助您来实现这件事。”

秦王回答说：“我听说羽毛不丰满的不能飞上高天，法令不完备的不能惩治犯人，道德不深厚的不能驱使百姓，政教不顺民心的不能烦劳大臣。我愿改日再听您的教诲。”

苏秦的主张迟迟未能实行，他只得返回家乡。经过反复选择、研究、体会，苏秦得出结论：当时的秦国日益强大，其他各国都受到秦国的威胁，说服六国联合抗秦是有可能的。于是，苏秦决定改变策略，游说六国，合纵抗秦。

最早信服苏秦计谋的是燕昭王。他给了苏秦许多车马银钱，资助他到各国进行合纵抗秦的活动。苏秦到魏国，用激将法，使魏昭王接受了合纵抗秦的主张。然后他又到了赵国，用唇齿相依、唇亡齿寒的道理，说服了赵惠文王。苏秦又连续说服了韩国、齐国、楚国，经历了许多曲折，终于形成了燕、赵、韩、魏、齐、楚六国联合抗秦的局面。苏秦被公推为纵约长，组成了六国联军，驻扎在荥阳，声势浩大。

苏秦派人把合纵盟约送到秦国，使秦国受到了震慑，秦军十五年不敢出函谷关。秦国还把蚕食魏国、赵国的一些土地和城池，还给了这两个国家，使东方各国获得了一段时间的安宁。苏秦合纵劳苦功高，各国都封他为相国，赵惠文王还封他为武安君。

苏秦游说秦惠王时是初出茅庐，缺少经验，只知道“开”，不知道“阖”，而且没有摸准秦惠王的心理，所以以失败告终。接着，苏秦改其道而行之，游说六国，合纵抗秦，针对不同对象，顺应其心意，指陈其利害，或激或励，或羞或诱，开阖并用，使六国合纵缔约，一致对秦，使秦人闭函谷关达十五年，取得了巨大成功。苏秦的游说是基于他对列国的政治形势有深入的钻研，对天下政局及其变化趋势的熟悉程度远在各国君主之上，因此在游说中可以纵横捭阖，开阖自如。

第五章　懂得示弱，以小忍换大谋

原文

捭阖之道，以阴阳试之[①]，故与阳言者依崇高，与阴言者依卑小。以下求小，以高求大。由此言之，无所不出，无所不入，无所不可[②]。可以说人，可以说家，可以说国，可以说天下[③]。为小无内，为大无外[④]。益损、去就、倍反[⑤]，皆以阴阳御其事。阳动而行，阴止而藏；阳动而出，阴随而入。阳还终始，阴极反阳[⑥]。以阳动者，德相生也；以阴静者，形相成也。以阳求阴，苞以德也；以阴结阳，施以力也；阴阳相求，由捭阖也。此天地阴阳之道，而说人之法也，为万事之先，是谓“圆方之门户”[⑦]。

注释

①捭阖之道，以阴阳试之：或开启或闭藏，都以阴阳之道试行。②无所不入，无所不可：入，进入，与“出”相对。可，可以。这里指没有不可以的地方，没有不成功的事情。③可以说天下：可以说服天下。④为小无内，为大无外：做小事没有“内”的界限，做大事没有“外”的疆界。⑤倍反：背叛或复归。⑥阳还终始，阴极反阳：阴阳相生，它们之间是可以相互转化的。⑦圆方之门户：圆方即方圆，所谓“天圆地方”的简称，天地的代称，也是宇宙对立统一的标志。圆方之门户，指决定事理矛盾两方面相互制约、相互转化的关键。

译文

关于开放和封闭的规律都要从阴阳两方面来理解。因此，从阳的方面来游说就为人指明崇高的理想，而从阴的方面来游说则向人灌输卑小的目标。用卑下来求索微小，以崇高来求索博大。如果运用这个原则来游说，那么一定开合有度、纵横自如，也就没有不可以去的地方，也没有什么是办不成的。用这个道理，可以说服一人一家，可以说服一邦一国，还可以说服整个天下。要做小事的时候没有“内”的界限；要做大事的时候没有“外”的疆界。所有的损害和补益，离去和接近、背叛和归附等等，都是运用阴、阳的变化来驾驭的。阳的方面运动前进时，阴的方面就会静止、隐藏。阳的方面活动而显出时，阴的方面就会随之潜入。阳的方面环行于终点和开端时，阴的方面到了极点就会反归为阳。在“阳”的活跃中道德就会与之相生；在“阴”的安静中，有力相助，自有形势。所以，用“阳”来求得“阴”，就要用道德来包容；用“阴”来求得“阳”，就要施用力量。阴阳之气相追求，是依据开启和关闭的原则。这是天地阴阳之道，也是游说他人的基本方法，是各种事物的先导，是领悟游说以及一切事理的根本途径。

鬼谷锦囊

生活中向人示弱，可以小忍而不乱大谋；工作中向人示弱，可以收敛触角、蓄势待发；强者示弱，可以展示出虚怀若谷、胸襟广阔；弱者示弱，可以积蓄实力、厚积薄发。

示弱并不是妥协和倒下，更不是懦弱，而是一种理智和“小不忍则乱大谋”的智慧，是为了更好、更坚定地站立。人生是一个艰难的旅程，绝不会风平浪静、一帆风顺，不可能达到“直挂云帆济沧海”的境界，所以我们必须懂得适时和及时地扬帆和收帆，以避免被风浪吞没，安全地抵达彼岸。

延伸阅读

“捭阖之道，以阴阳试之，故与阳言者依崇高，与阴言者依卑小。以下求小，以高求大。由此言之，无所不出，无所不入，无所不可”。

本章主要讲采取捭阖手段，必须从阴阳两方面来理解和实践，如此一来，就没有什么办不成的事了。

为了求得更大的发展目标，而暂时示弱于人便是这种智慧最突出的一种体现。

历史上有很多典故可以说明这一点：韩信能忍胯下之辱，遂成一代名将；勾践卧薪尝胆，“十年生聚，十年教训”，方能洗刷耻辱，复国兴邦；蔺相如不与廉颇争锋，才有“将相和”的千古美名；邓小平“三起三落”，终成为中国改革开放的总设计师，成就千秋伟业……百折不挠、宁死不屈确实是令人钦佩的美德和品性，但面对强大的对手，若无取胜的机会，却一味地勇往直前，就会陷入被动，给自己带来不必要的伤害甚至牺牲。如果适时示弱，可以避其锋芒，迷惑对手，得以养精蓄锐，然后等待时机反戈一击，才能能出奇制胜。

第二篇 反应①术

善于从反面听别人言论的人，可以改变鬼神，从而刺探到实情。他们随机应变很得当，对对手的控制也很到位。如果控制不到位，得到的情况就不清晰，得到的情况不清晰，心里的底数就不全面。

①反应：反，通“返”；应，应和。反应，在这里指从对方返回的信息。

第一章　观今鉴古，上下求索

原文

古之大化者[②]，乃与无形俱生。反以观往，复以验来[③]反以知古，复以知今；反以知彼，复以知己。动静[④]虚实[⑤]之理，不合来今[⑥]，反古而求之。事有反而得复[⑦]者，圣人之意也，不可不察[⑧]。

注释

②古之大化者：化，教化指导。大化者是指圣人。③反以观往，复以验来：反和复都是返回、重复的意思。追溯过去的事情，经验，再回首察验未来。④动静：运动与静止，"动"与"静"是相对而言的。⑤虚实：真伪的意思。⑥来今：未来与现在。⑦反而得复：调查过去，反复研究现在与将来的对策，以便掌握其中的道理。⑧圣人之意也，不可不察：察，仔细观察研究，此句是说对圣人的见解不可不悉心研究思考。

译文

在古代能以"大道"来化育万物的圣人，其所作所为都能与自然的发展变化相吻合。反顾以追溯过去，再回首以察验未来；反顾以考察历史，再回首以了解今天；反顾以洞察对方，再回首以认识自己。动静、虚实的原则，如果在未来和今天都得不到应用，那就要到过去的历史中去考察前人的经验。有些事情是要反复探索才能把握的，这是圣人的见解，不可不认真研究。

鬼谷锦囊

“路漫漫其修远兮，吾将上下而求索。”探索，使人类在艰难的历史进程中，领略到了无限的风光，也使人类在进步的每一次突破中，充满了自信和憧憬。

“探索精神”是历史发展、人类进步的永恒动力和不竭源泉。任何一种探索都是一个艰难反复的过程，没有不懈的探索，哥伦布就不会发现美洲，没有不懈的探索人类至今还在靠火照明。载人飞船上天，万米钻孔入地，宇宙浩瀚茫茫，纳米材料微微，人类基因组计划……这些都源自两个字——探索。

延伸阅读

“事有反而得复者”，主要是说要运用“反复”的方法。要想做到观今鉴古，知己知彼，收获成绩，必须经过反复的探索过程。知识的获取需要反复不断的复习，土地的丰收需要反复不断的耕耘，一项成功的发明创造需要反复不断的试验，真理的获得需要经过反复不断的验证。

人生任何目标的达成都是如此，不管是个人的理想，还是一个团队、一个集体乃至一个国家的目标，都离不开这种反复探求的精神。

2005 年 1 月 18 日一个再普通不过的日子，但是历史会铭记这一天，鲜红的五星红旗在冰穹 A 的巅峰飘舞，这是冰盖上距海岸线最遥远的一个冰穹，也是南极内陆冰盖海拔最高的地区，气候条件极端恶劣，被称为“不可接近之极”。现在，这亿万年来寒冷孤独的地球“不可接近之极”，终于有了人类的足迹，征服它的人叫“中国”。

中国用了 21 年的时间征服了南极的巅峰，也用了 21 次才站在了南极这块“不可接近之极”之上。在这个过程中，中国的科考队员们用科学在不断地探索，每一个南极科考者无疑都具备了这种“探索精神”，他们为了科学、为了国家在探索。他们知道探索就是一种冒险，一种生命的冒险，我们经常在报道中看到南极科考队员与死亡擦肩而过的消息，但是他们没有停下探索的步伐，他们用他们的南极精神赢得了世界的尊重。

这次令人振奋的“征服”以及历史上一个个开创新纪元的创造

都来源于两个字“探索”。

大千世界，无奇不有，这个世界还有很多未知的“问号”等待着我们去探索来给予答案。也正是这份永恒不灭的探索精神，驱使人类文明的车轮不断地前进，向未知的世界不断地前进。

第二章　因其言，听其辞

原文

人言者，动也；己默者，静也。因其言，听其辞[①]。言有不合[②]者，反而求之，其应[③]必出。言有象，事有比。其有象比[④]，以观其次。象者象其事，比者比其辞也。以无形求有声，其钓语[⑤]合事，得人实也。其张罝网[⑥]而取兽也，多张其会[⑦]而司之。道合其事，彼自出之，此钓人之网也。常持其网驱之，其言无比[⑧]，乃为之变[⑨]，以象动之，以报其心，见其情，随而牧之[⑩]。己反往，彼复来，言有象比，因而定基。重之袭之，反之复之，万事不失其辞，圣人所诱愚智[⑪]，事皆不疑。

注释

①辞：言辞。②言有不合：所说的话不合理。③应：答应。④象比：象，法象、仿效形象和原形。比：比较。指按照形象进行比较。⑤钓语：像钓鱼投饵一样，在发言时给予对方诱饵，以便引出对方的话头。⑥罝（jū）网：罝是捕兔子等野兽的网。⑦会：会合，聚会。⑧其言无比：比，可比的规范。指言辞无可比较。⑨乃为之变：于是就为此改变方向。⑩牧之：在此与“察”同义。就是进行调查加以阐明。⑪愚智：愚者和智者。

译文

人家说话，是活动；自己缄默，是静止。要根据别人的言谈来听他的词意。如果其言辞有矛盾之处，就反复诘难，其应对之词就要出现。语言有可以模拟的形态，事物有可以类比的规范。既有“象”和“比”存在，就可以预见其下一步的言行。所谓“象”，就是模仿事物；所谓“比”，就是类比言辞。然后以无形的规律来探求有声的言辞。引诱对方说出的言辞，如果与事实相一致，就可以刺探到对方的实情。这就像张开网捕野兽一样，要多设一些网，汇集在一起来等待野兽落入。如果把捕野兽的这个办法也能应用到人事上，那么对方也会自己出来的，这是钓人的“网”。但是，如果经常拿着“网”去追逐对方，其言辞就不再有平常的规范，这时就要变换方法，用“法象”来使对手感动，进而考察对方的思想，使其暴露出实情，进而控制对手。自己返过去，使对手返回来，所说的话可以比较类推了，心里就有了底数。向对手一再袭击，反反复复，所有的事情都可以通过说话反映出来，圣人可以诱惑愚者和智者，这些没有什么值得怀疑的。

鬼谷锦囊

在今天，能够做到克己制人、喜怒不形于色是一个人成功的必备能力，倘若一遭遇困难或面临危险，就无法自持，脸上立刻露出不安或慌乱，不仅会降低自己的自信心，还会影响到周围共事者的士气和情绪，一旦如此，便有可能根基动摇，“军心涣散”，导致事业停步甚至倒退或失败。

延伸阅读

《十善业道经》说“言必契理，言可承领，言则信用，言无可讥”，意思是说，言论一定要合理。要让别人能接纳领受，就要有信用，令人无懈可击。

“因其言，听其辞”是说话的一个不可或缺的重要组成部分，是交谈艺术中的重要技巧，在与人沟通的过程中，尤其是以推销或说服为目的的谈话中，必须学会倾听，善于倾听。

“因其言，听其辞”还有一个重要表现，就是以静制动、克己以制人。这样的人拥有超强的自我克制力，能够时时处处控制住自己的脾气和情绪，喜怒不形于色，通过制己进而达到制人的目的。历史上凡是成大事者，一般都具备这种品质和能力，汉高祖刘邦便是其中一位。

楚汉相争时期，有一次刘邦和项羽在阵前对话，刘邦历数项羽的罪状，项羽大怒，命令潜伏的士兵放箭射杀刘邦。刘邦躲闪不及，一支箭射中胸口，伤势严重，刘邦甚至痛得无法起身。

此时事态严峻，若是主将受伤，群龙便会无首。万一楚军乘胜追击，那么汉军就会溃败。于是刘邦忍了忍，他镇静下来，趁人不注意，把手放在自己的脚上，对项羽大声喊道："碰巧你们射中了，不过可惜射中了我的脚，并不是我的身体。"士兵听见刘邦这样说，便稳定下来，最终没有被楚军攻陷。

历史上大凡成大事者，往往都是城府很深、喜怒不形于色的人。《三国志·先主传》中有关于刘备"喜怒不形于色"的描述：刘备身长七尺五寸，两只手能垂到膝盖，眼睛能看到自己的耳朵。他沉默寡言，喜怒不形于色。正是因为如此，刘备才被神化为奇人奇像，所以才能拥有那么多的追随者，从而成就大业。

第三章　欲擒故纵，欲取反与

原文

古善反听者，乃变鬼神①以得其情。其变当也，而牧之审也。牧之不审，得情不明；得情不明，定基不审。变象比，必有反辞，以还听之。欲闻其声反默，欲张反敛②，欲高反下，欲取反与。欲开情③者，象而比之，以牧其辞④。同声相呼，实理同归。或因此，或因彼⑤，或以事上，或以牧下⑥。此听真伪，知同异，得其情诈⑦也。动作言默，与此出入，喜怒由此以见其式⑧，皆以先定为之法则。以反求复，观其所托⑨。故用此者，己欲平静，以听其辞，察其事，论万物，别雄雌。虽非其事，见微知类⑩。若探⑪人而居其内，量其能射其意⑫也。符应⑬不失，如蛇⑭之所指，若羿⑮之引矢。

注释

①鬼神：鬼，隐密不测。鬼神是指死者的灵魂和山川的神明。②敛：收敛。③开情：情，感情、情绪。这里是说敞开心灵的大门。④象而比之，以牧其辞：象，模仿。比，类比。用象比的方法把握对方的言辞。⑤或因此，或因彼：因，原因。此，这里。彼，那里。或这个原因，或那个原因。⑥或以事上，或以牧下：事，侍奉。牧，统治（人民）。全句的意思是说或用来侍奉君主，或用来观察民情。⑦情诈：真情和虚伪。⑧式：定式，模式。⑨观其所托：托，寄托。观察其所寄托之处。⑩见微知类：微，微小。类，种类。根据轻微征兆探索有关联的重大事物。⑪探：侦察，打听。⑫射其意：

此处指如弓之发矢，准确猜中对方意图。⑬符应：验合符契。⑭蛇：意指飞龙。⑮羿：即后羿，神话传说中的神射手。

译文

古代善于从反面听别人言论的人，可以说是神明，他们随机应变很得当，对对手的控制也很周到。如果控制不周到，得到的情况就不清晰，得到的情况不清晰，心里的底数就不全面。要把模仿和类比灵活运用，就要说反话，以便观察对方的反应。想要讲话，反而先沉默；想要敞开，反而先收敛；想要升高，反而先下降；想要获取，反而先给与。要想了解对方的内情，就要善于运用模仿和类比的方法，以便把握对方的言辞。同类的声音可以彼此呼应，合乎实际的道理会有共同的结果。或者由于这个原因，或者由于那个原因；或者用来侍奉君主，或者用来管理下属。这就要分辨真伪，了解异同，以分辨对手的真实情报或诡诈之术。活动、停止，言说、沉默都要通过这些表现出来，喜怒哀乐也都要借助这些模式，都要事先确定法则。用逆反心理来追索其过去的精神寄托，所以就用这种反听的方法。自己要先平静，以便听取对方的言辞，考察事理，论说万物，辨别雄雌。虽然这还不是事情本身，但是可以根据轻微的征兆，探索出同类的大事。就像刺探敌情而深居敌境一般，要首先估计敌人的能力，其次再摸清敌人的意图，像验合符契一样可靠，像蛇一样迅速，像后羿张弓射箭一样准确。

鬼谷锦囊

事情若从正面无法入手，不妨考虑反其道而行之，往往能收到化繁为简、事半功倍、神鬼不测的效果。

商场如战场，没有永恒的敌人，也没有永恒的朋友，只有永恒的利益。所以，投身商海，一定要谨慎从事，切不可贪图小恩小惠，否则就会因小失大、得不偿失。在商海中打拼，更要掌握一些必备的兵法谋略，用来保护自己、克制敌人！“欲闻其声反默，欲张反敛，欲高反下，欲取反与”便是其中一个最有力的制胜法宝！

延伸阅读

汉武帝颁布推恩令就是成功运用“欲取反与”策略的典范。

西汉自文、景两代起，如何限制和削弱日益膨胀的诸侯王势力，一直是封建皇帝面临的严重问题。汉文帝时，贾谊鉴于淮南王、济北王的谋逆，曾提出“众建诸侯而少其力”的建议。文帝在一定程度上接受了这一建议，但没有完全解决问题。汉景帝即位后，采纳晁错的建议削藩，结果吴楚七国以武装叛乱相对抗，即“七国之乱”。汉景帝迅速平定了叛乱，并采取一系列相应的措施，使诸侯王的势力受到很大的削弱。但至汉武帝初年，一些大国仍然连城数十，地方千里，骄奢淫逸，阻众抗命，威胁着中央集权的巩固。因此，元朔二年(公元前 127 年)，主父偃上书汉武帝，建议令诸侯推私恩分封子弟为列侯。这样，名义是上施德惠，实际上是剖分其国，以削弱诸侯王的势力。这一建议既迎合了汉武帝巩固专制主义中央集权的需要，又避免激起诸侯王武装反抗的可能，因此立即为武帝所采纳。

同年春正月，汉武帝颁布推恩令。颁布推恩令以前，诸侯王只能把封地和爵位传给嫡长子，推恩令颁布之后，允许诸侯王把封地分为几部分传给几个儿子，形成直属于中央政权的侯国。推恩令吸取了晁错削藩令引起“七国之乱”的教训，反其道而行，欲取反与，使得诸侯王国名义上没有进行任何的削藩，避免了激起诸侯王武装反抗的可能性。于是“藩国始分，而子弟毕侯矣”，导致封国越分越小，势力大为削弱，从此“大国不过十余城，小侯不过十余里”。

“欲闻其声反默，欲张反敛，欲高反下，欲取反与”在后世应用甚广，成为大多数精明企业家和商家的制胜法宝。

有个大的电器公司，其产品质量上乘，在国内外享有盛誉，亟须扩大生产规模，但公司当时拿不出那么多的资金搞扩建项目，比较可行的办法是兼并其他的小企业，利用改造小企业原有的设备。如何兼并对方？如果对方一点好处都得不到，怎么会俯首称臣呢？于是，电器公司决定给小企业三大好处：一是抽一部分技术人员对小企业职工进行培训；二是拿出一部分资金对小企业原有设备进行改造；三是在产品质量合格的前提下，小企业可使用公司的品牌。

结果轻而易举地吞并了这些小企业，使这家大电器公司，少花70%的资金，扩大了生产规模，增加了盈利。

“欲速则不达”，先让你尝到些甜头割舍不掉，然后再实施自己的计划，这种“欲擒故纵”“欲得先与”的战术，在商场上俯拾皆是、举不胜举。可以说，鬼谷子的思想在当今商战中绽放着奇光异彩。

第四章　自知而后知人

原文

故知之始己，自知而后知人[①]也。其相知也，若比目之鱼[②]。其伺言也，若声与之响[③]；其见形也，若光之与影；其察言也，不失若磁石之取针，舌之取燔骨[④]。其与人也微，其见情也疾。如阴与阳，如阳与阴；如圆与方，如方与圆。未见形圆以道之，既见形方以事之。进退左右，以是司之。己不先定，牧人不正[⑤]，事用不巧，是谓“忘情失道”；己审先定以牧人，策而无形容[⑥]，莫见其门，是谓“天神”。

注释

①知之始己，自知而后知人：想要知道他人，就必须先从了解自已开始；了解自己以后才能知人。②比目之鱼：只有一只眼睛的鱼，经常是两鱼协同并游。③响：回声。④燔（fán）骨：燔，烧，燔骨，烧烤骨头上所带的肉。⑤牧人不正：牧，统驭。统驭人，但不能整齐。⑥形容：形态、形象、容貌。

译文

要想掌握情况，要先从自己开始，只有了解了自己，然后才能了解别人。对别人的了解，就像比目鱼一样没有距离；掌握对方的言论，就像声音与回响一样相符；明了对方的情形，就像光和影子一样不走样；侦察对方的言辞，就像用磁石来吸取钢针，用舌头来获取焦骨上的肉一样万无一失。自己暴露给对方的微乎其微，而侦察对手的行动十分迅速，就像阴变阳，又像阳转阴；像圆变方，又像方转圆一样自如。在情况还未明朗之前就用圆略来诱惑对手，在情况明朗以后就要用方略来战胜对方。无论是向前，还是向后，无论是向左，还是向右，都可用这个方法来对待。如果自己不事先确定策略，统率别人也就无法步调一致。做事没有技巧，叫作“忘情失道”；自己首先确定斗争策略，再以此来统领众人，策略要不暴露意图，让旁人看不到其门道所在，这才可以称为“天神”。

鬼谷锦囊

人贵有自知之明。识人虽然重要，但识己更有甚之。知人先知己，才能果断出击。

了解别人，学习别人的优点是一种谦虚好学的好品质，但必须建立在了解自己的基础之上，按照自己的实际条件，学习适合自己、能为我所用的东西才能有所成就。

延伸阅读

要了解别人，首先必须了解自己，自己有了定见，才能正确而灵活地运用各种策略，进退自如。老子曰：“知人者智，自知者明。”能了解别人的长短善恶，固然算得上聪明；但若能知人更能自知，才真正算得上大智慧。

一位少年去拜访年长的智者。

少年问智者如何才能变成一个自己愉快，又能给别人带来快乐的人呢？

智者笑着望着他说：“孩子，你有这样的愿望，已经是很难得了。很多比你年长的人，从他们问的问题本身就可以看出，不管给他们多少解释，都不可能让他们明白真正重要的道理。”

少年满怀虔诚地听着，脸上没有丝毫得意之色。

智者接着说：“我送给你四句话。第一句话是，把自己当成别人。你能说说这句话的含义吗？”

少年回答说：“是不是说，在我感到忧伤的时候，就把自己当成是别人，这样痛苦就自然减轻了；当我欣喜若狂之时，把自己当成别人，那些狂喜也会变得平淡、中和一些？”

智者微微点头，接着说：“第二句话，把别人当成自己。”

少年沉思一会儿，说："这样就可以真正同情别人的不幸，理解别人的需求，而且在别人需要的时候给予恰当的帮助。"

智者两眼发光，继续说道："第三句话，把别人当成别人。"

少年说："这句话的意思是不是说，要充分地尊重每个人的独立性，任何情形下都不可侵犯他人的核心领地？"

智者哈哈大笑："很好，很好，孺子可教也。第四句话是，把自己当成自己。这句话理解起来太难了，留着你以后慢慢品味吧。"

少年说："这句话的含义，我一时体会不出。但这四句话之间有许多自相矛盾之处，我怎样才能把它们统一起来呢？"

智者说："很简单，用一生的时间和阅历。"

少年沉默了很久，然后叩首告别。

后来少年变成了壮年人，又变成了老人。再后来在他离开这个世界很久以后，人们都还时时提到他的名字。人们都说他是一位智者，是一个愉快的人，给每一个见过他的人带来了快乐。

能够认识别人，自是一种智慧和能力；能够认识自己则是圣者贤人。人生最难做到的就是正确、客观地认识自己。

所谓"当局者迷，旁观者清"，自己处在自身的立场和角度，难免会自我设限，这就是一种"心障"。"心障"会蒙蔽自己的双眼，对自己认识不清、不全面或者有失偏颇。这就需要放低自己、放宽心胸，借助和求教于别人，看看别人眼中和心中的自己究竟是怎么样的。

所谓"以铜为镜，可以正衣冠；以古为镜，可以知兴替；以人为镜，可以明得失。"有时候单单通过别人对自己的评价来认识自己也是远远不够的，因为别人出于"明哲保身"等等立场和因素，难免会隐匿自己的真实观点，对你敷衍塞责。所以人要认识自己，还在于能够以人为镜，反照自己，做到时刻自省。《论语·学而》中曾子有曰："吾日三省吾身……"只有时时处处反省自己，总结经验，吸取教训，才能不断进步和完善自我。

认识自己需要一生的时间和阅历。如果我们能及时发现自己的不足和过错，取彼长，补己短，自我调整，我们就是聪明人中的智者，我们就能更快地走向成功，取得更大、更好的成就。

第三篇　内揵①术

所谓“内”就是采纳意见；所谓“揵”就是进献计策。想要说服他人，务必要先暗暗地揣测；度量、策划事情，务必要遵循顺畅的途径。暗中分析是可是否，透彻辨明所得所失。

①内揵（jiàn）：内，内心、内情；揵，通“楗”，本义为门闩。内，本指内情相守，这里指要从内心与君主勾通关系，以达到情投意合、揵开任意的目的。

第一章　遵循顺畅的途径

原文

君臣上下之事，有远而亲[②]，近而疏[③]，就之不用，去之反求[④]。日进前而不御，遥闻声而相思[⑤]。事皆有内揵，素结本始[⑥]。或结以道德，或结以党友，或结以财货，或结以采色[⑦]。用其意[⑧]，欲入则入，欲出则出，欲亲则亲，欲疏则疏，欲就则就，欲去则去，欲求则求，欲思则思。若蚑蜘母[⑨]之从其子也，出无间，入无朕，独往独来，莫之能止。内者进说辞，揵者，揵所谋[⑩]也。欲说者，务隐度[⑪]；计事者，务循顺[⑫]。阴虑可否，明言得失，以御[⑬]其志。

注释

②远而亲：看似疏远，其实极亲密。③近而疏：看似亲密，其实极疏远。④就之不用，去之反求：就，靠近、趋近；去，离开。在身边却不任用，离去以后还受聘请。⑤日进前而不御，遥闻声而相思：日进前：每天都在皇帝的跟前。御，驾驭马车，这里引申为“使用”。遥闻声：听到很遥远的地方的声音。⑥素结本始：素，平常。本始，本源。意思是把平常与本源相联结。⑦采色：这里指艺术和娱乐。⑧用其意：推行某种主张。⑨蜘母：母蜘蛛。土蜘蛛的母爱极强，因此每当出入巢穴时，都要把穴口加盖以防外敌。⑩揵所谋：进献计谋。⑪隐度：暗中揣测、估量。⑫循顺：沿着顺畅的途径，遵循固有规律。⑬御：驾驭，把握。

译文

君臣之间，有的距离很远却很亲密，有的距离很近却很疏远。有的在身边却不被使用，有的在离去以后还受聘请。有的天天都能在眼前却不被信任，有的距离遥远却听到声音就被思念。凡是事物都有内揵，平常的东西都与本源相联结。或者靠道德相联结，或者靠朋党相联结，或者靠钱物相联结，或者靠艺术相联结。要想推行自己的主张，就要做到想进来就进来，想出去就出去；想亲近就亲近，想疏远就疏远；想接近就接近，想离去就离去；想被任用就被任用，想被思念就被思念。就好像母蜘蛛率领小蜘蛛一样，出来时不留洞痕，进去时不留标记，独来独往，谁也没法阻止它。所谓“内”就是采纳意见；所谓“揵”就是进献计策。想要说服他人，务必要先悄悄地揣测；度量、策划事情，务必要遵循顺畅的途径。暗中分析是可是否，透彻辨明所得所失，以便影响君主的意向。

鬼谷锦囊

批评或者建议别人，一定要“欲说者，务隐度；计事者，务循顺”，把握好对方的实际情况和真实心理，再采用适当和切实可行的方法，才能收到预期的效果。

延伸阅读

懂得进谏之道的人在掌握对方的真实情况与真实心理的基础上，往往能依靠各种巧妙的方法取得成功。

春秋时期，烛邹替齐景公饲养的爱鸟不小心飞走了，齐景公发怒要杀烛邹。国相晏婴站出来说：“烛邹这书呆子有三大罪状，请大王让我列举完以后，再按罪论处。”得到齐景公的允许后，晏婴说：“你为大王管理着爱鸟，却让它飞走了，这是第一条罪状；你使得我们大王因为鸟的事杀人，这是第二条罪状；更严重的是各国诸侯听了这件事后，以为大王重视鸟而轻视读书人，这是第三条罪状。”说完这些所谓“罪状”后，晏婴便请齐景公把烛邹杀掉。齐景公尽管残忍，但从晏婴的话里听出了利害，就对晏婴说：“不要杀了，我听从你的意思就是了。”

晏婴没有直接表达自己对齐景公荒唐做法的不满，而是就坡骑驴、顺势而下、因势利导，故意推导出一个更加荒唐的结论，让齐景公自然而然地看清自己的过错，从而做出正确的取舍。

第二章　切磋琢摩形势，从便利处入手

原文

方①来应时②，以合其谋。详思③来揵，往应适当也。夫内有不合者，不可施行也。乃揣切④时宜，从便所为，以求其变。以变求内者，若管取揵。

注释

①方：方法，道术。②应时：合乎时宜。③详思：详细地思考。④揣切：揣量、切磋琢摩。

译文

以道术来进言当应合时宜，以便与其谋划相合。详细地思考后再来进言，去适应形势。凡是内情有不合时宜的，就不可以实行。就要切磋琢磨形势，从便利处入手，来改变策略。用善于变化来争取被采纳，就像以门管来接纳门楗一样顺当。

鬼谷锦囊

大自然中播种和收获都各有各的时机，农民们不能在秋冬播种，在春夏收获；人们不能在格陵兰岛的冰山上栽种柑橘，也不能到热带地区的河里去取出冰块儿，因为季节、时间和地点不对，所以不会有收获。

以此类推，下属向上司进言，若想让上司接受，又不致使自己遭受危险，就必须选择合适的时机，尤其不能当众批评指责上司或与上司争论。任何管理阶层的人，都想维护自己的权威，而当众批评甚至顶撞上司无疑是对上司尊严与威信的损害和贬低。所以韩非子说："进谏，最忌讳的便是当面触犯。"

延伸阅读

"方来应时，以合其谋。"是说向君主进言，应当和时宜，才能与君主的谋划相合。时机不当，就会因为触犯了君主的威严而失败。

《韩非子》上记载了这样一则故事。

殷纣王曾做长夜之饮，即：大白天关起窗子、拉上帷幕、点上蜡烛，不分昼夜地饮酒作乐。结果搞得他神魂颠倒，以致忘了年、月、日。他问左右的人，现在何月何日，左右也没有人知道。他只好派人去问箕子。箕子私下对家人说："以天下之尊，居然不知月日，这个天下可危险极了；举国上下都忘了月日，我若独自清醒而知道月日，我也危险极了。"于是，他对来者说："我醉得厉害，人也迷糊了，什么日子我也记不起来了。"

假如箕子用"天下之尊，居然不知月日，这个天下可危险极了"为进谏之言，劝谏纣王，势必会招来纣王的不悦，因为正是纣王不分昼夜的寻欢作乐、不务正业导致了他不知月日的荒谬结果，在这种时候向他进谏，显然是讽刺纣王是个无道昏君。"众人皆醉我独醒"显然不合时宜，会冒犯龙威。所以，箕子的做法可谓明智之举。

然而，历史上的臣子并非都像箕子那样明智。有的人虽然是出于一片赤胆忠心，对君主冒死直言力谏，但往往因为不合时宜、不识进退之道，结果不但起不到进谏的作用，反而可能白白断送了性命。

第三章　坚持己见与随机应变

原文

言往来，先顺辞也。善变者，审知地势，乃通于天，以化四时使鬼神合于阴阳而牧人民。见其谋事，知其志意。事有不合者，有所未知也。合而不结者，阳亲而阴疏。事有不合者，圣人不为谋也。故远而亲者，有阴德[①]也；近而疏者，志不合也；就而不用者，策不得也；去而反求者，事中来也；日进前而不御者，施不合也；遥闻声而相思者，合于谋待决事[②]也。故曰："不见其类[③]而为之者见逆[④]，不得其情而说之者见非[⑤]。得其情，乃制其术[⑥]。此用可出可入，可揵可开。"

注释

①阴德：心意暗合。②决事：谋大事，指参与决断国家大事。③类：类似，共同点。④见逆：违逆，与愿望相背反。⑤见非：遭到非议。⑥术：技能、手段、方法等。

译文

凡是谈论过去的事情，要先有顺畅的言辞，凡是谈论未来的事情要采用容易、变通的言辞。善于变化的人，要详细了解地理形势，只有这样，才能沟通天道，化育四时，驱使鬼神，符合阴阳，牧养人民。要了解君主谋划的事情，要知晓君主的意图。所办的事情凡有不合君主之意的，是因为对君主的意图还有不了解的地方。意见一致了，而不能密切结合是因为只停留于表面亲近，而背地里还有距离。如果与君主的意见没有吻合的可能，圣人是不会为其谋划的。所以说，与君主相距很远却被亲近的人，是因为能与君主心意暗合；距离君主很近却被疏远的人，是因为与君主志向不一；就职上任而不被重用的人，是因为他的计策没有实际效果；辞职离去而能再被反聘的人，是因为他的主张被实践证明可行；每天都能出入君主面前，却不被信任的人，是因为其行为不得体；距离遥远只要能听到声音就被思念的人，是因为其主张正与决策者相合，正等他参与决断大事。所以说，在情况还没有明朗之前就去游说，定会事与愿违，在还不掌握实情的时候就去游说的人，定要受到非议。只有了解情况，再依据实际情况确定方法，这样去推行自己的主张，既可以出去，又可以进来；既可以进谏君主，坚持己见，又可以放弃自己的主张，随机应变。

鬼谷锦囊

“不想当将军的士兵不是好士兵”，然而，要想成就这个梦想，就需要和上司、领导打交道，只有得到上司的器重和垂青，才能在职场中大展拳脚、大显身手。而要想得到上司的器重，往往需要通过向上司提意见和建议的途径来展示你的能力和才华。

其实，向上司提出意见或建议和古代臣子向君王进谏是同样的道理，需要“得其情，制其术”。

第一，在下属向上司进谏的时候，应该“多献可，少加否”。多从正面去阐发自己的观点；少从反面去否定和批驳上司，要懂得用迂回变通的办法，刻意回避与上司的意见产生正面冲突。

第二，进谏应该“多桌下，少桌面”。即多利用非正式场合，少使用正式场合，尽量与上司私下交谈，交换意见，避免对上司公开提意见，这样做不仅能给自己留有回旋余地，而且有利于维护上司的个人尊严，不致使上司陷入被动和难堪的境地。

第三，向上司进谏应该“多引水，少开渠”。即对上司进谏千万不要直接去点破上司的错误所在，或越俎代庖地替上司做出你所谓的正确决策。而是要用引导、试探、征询意见的方式，使上司在参考你所提出的建议信息后，水到渠成地用他的嘴说出你心中想的正确决策，即把你的东西“转一个弯”变成上司自己的东西，把你的功劳让渡给你的上司。

延伸阅读

在情况还没有明朗之前就去游说的人，一定会事与愿违；在还不掌握实情的时候就去游说，一定受到非议。只有了解情况，再依据实际情况确定方法，然后去推行自己的主张，才能够得心应手、随机应变。

孟尝君是战国时期有名的四公子之一，在齐国担任相国的重要职务。这一年，齐王的夫人死了，孟尝君为此大伤脑筋：齐王要立谁为夫人呢？倘若是个与自己作对的人，那就麻烦了，搞不好，相国要职也会被别人夺走。

齐王有七名宠妾，个个如花似玉。孟尝君想：“齐王要立夫人肯定会从这七人中挑选一位，不过，哪一位是齐王最喜欢的呢?”

孟尝君想来想去，想到了一个好主意，他命人制作了七对耳环，每个耳环都用上等美玉制作，其中一对耳环最精巧、最珍贵。然后把七对耳环献给齐王。齐王看到这么精美的耳环，立刻高兴地把它们赐给了七个宠妾。

过了几天，孟尝君再次进见齐王，悄悄地观察齐王身边的七位美人，见她们都戴上了自己进献的耳环，其中一位美人戴上那一对特殊的耳环更显得楚楚动人。

告别齐王回府后，孟尝君立即命人起草奏章，劝齐王立那位楚楚动人的美女为夫人。齐王接奏，正合心意，便立最中意的美人为夫人。

那位当上了夫人的美人身价倍增，自然不会忘记孟尝君，所以孟尝君还是平平安安地做他的相国，齐国百姓也因此安居乐业。

孟尝君根据具体情况，采用“以物相人”的计谋，通过一对小小的耳环保全了自己的相国之职，可谓高明。

第四章　圣人谋事，预则立

原文

故圣人立事[①]，以此先知而揵万物。由夫道德、仁义、礼乐、计谋，先取《诗》《书》，混说损益[②]，议论去就[③]。欲合者，用内；欲去者，用外[④]。外内者必明道数[⑤]，揣策来事[⑥]，见疑决之，策无失计，立功建德。治民入产业[⑦]，曰“揵而内合”。上暗不治[⑧]，下乱不悟[⑨]，揵而反之[⑩]。内自得[⑪]，而外不留说[⑫]，而飞[⑬]之。若命自来己，迎而御之[⑭]；若欲去之，因危与之，环转因化，莫知所为，退[⑮]为大仪[⑯]。

注释

①立事：建立事业。②先取《诗》《书》，混说损益：引用《诗经》和《书经》来验证自己的学说。③议论就去：经过讨论，最后决定是否应该做。④欲合者，用内，欲去者，用外：欲，想；合，与离相对。指根据想法来运用力量。⑤外内者必明道数：在决定内外大事时，必须明确道理和方法。⑥揣策来事：推理判断未来的事情。⑦产业：产，谋生，财产；业，事情，经营功绩。⑧上暗不治：暗，昏暗。全句是说君主昏庸，不能推行善政。⑨下乱不悟：乱，昏乱，糊涂。全句是说人民掀起叛乱而不能分辨事理。⑩揵而反之：固执己见，事与愿违。⑪自得：自以为自己聪明，得计。⑫不留说：不接受他人的主张。⑬飞：表扬。⑭若命自来己，迎而御之：命，召令；自来，指君主有令召来。御：防御、抵制，这里是指拒不接受。⑮退：保全、

完成的意思。⑯大仪：好办法，大原则，秘诀。

译文

圣人立身处世，都以自己的先见之明来议论万事万物。其先见之明来源于道德、仁义、礼乐和计谋。首先摘取《诗经》和《书经》的教诲，再综合分析利弊得失，最后讨论是去还是留。要想与人合作，就要把力量用在内部，要想离，就要把力量用在外面。处理内外大事，必须明确理论和方法，要预测未来的事情，就要善于在各种疑难面前临机决断，在运用策略时要不失算，不断建立功业和积累德政。要善于管理人民，使他们从事生产事业，这叫作“巩固内部团结”。如果上层昏庸，不理国家政务，下层纷乱，不明为臣事理，各执己见，事事抵触，还自鸣得意；不接受外面的新思想，还自吹自擂。在这种情况下，如果朝廷诏命自己，虽然也要迎接，但又要拒绝。要拒绝对方的诏命，要设法给人一种错觉。就像圆环旋转往复一样，使旁人看不出你想要干什么。在这种情况下，激流勇退是最好的方法。

鬼谷锦囊

在当代，利益是人们追逐的首要目标，为了利益，人们难免会自私自利，所以每个人都难免会遭遇钩心斗角、明争暗斗，在这种际遇下，如果你想做个温和派、中立者，那么不妨借鉴一下古人应付危险、化险为夷的明哲哲学，这对于现代社会中每一个人保存自己、从而运用自己的才干为社会做出更大的贡献，是非常有利的。

“凡事预则立，不预则废”，没有先见之明，就不能在做事之前做好必要的策划和准备，没有先见之明，也不能在激烈的市场竞争中把握先机、占领市场。

延伸阅读

“圣人立事，以此先知而揵万物。”聪明的人做事一定要有先见之明，针对不同的对象要采取不同的策略，包括“揵而内合”“揵而反之”“飞之”“迎而御之”“因危与之”，等等。

拥有先见之明，在生活上才能避凶趋吉、趋利避害，在工作上才能事半功倍，在敌我斗争中，才能先发制人、克敌制胜。

在吴越交战之时，吴王夫差活捉越王勾践回国。吴王军师伍子胥，力奏吴王杀掉勾践斩草除根，但吴王不听，并且最后还将伍子胥处死。临刑前，伍子胥嘱咐将其双眼高挂城楼，他要亲眼看到越王勾践反攻回来。后来，勾践卧薪尝胆，“十年生聚，十年教训”，振兴国政，结果果然“苦心人，天不负，卧薪尝胆，三千越甲可吞吴”。

夫差不仅没有先见之明，而且刚愎自用，不听伍子胥先见之良言，结果放虎归山，为越所灭。

拥有先见之明，不仅可以取得政治和军事上的胜利，还可以明哲保身，在尔虞我诈、钩心斗角、明争暗斗、纷繁复杂的官场上保全自己。

张良素来体弱多病，自从汉高祖入都关中，天下初定，他便托词多病，闭门不出。随着刘邦皇位的渐次稳固，张良逐步从“帝者师”退居“帝者宾”的地位，遵循着可有可无、时进时止的处事原则。在汉初刘邦翦灭异姓王的残酷斗争中，张良极少参与谋划。在西汉皇室的明争暗斗中，张良也恪守“疏不间亲”的古训。

当初汉高祖刘邦在论功行封时，曾令张良自择齐国三万户为食邑，张良辞让，谦请封始与刘邦相遇的留地（今江苏省沛县），刘邦同意了，故称张良为留侯。

张良很有先见之明，深谙“狡兔死，走狗烹；飞鸟尽，良弓藏；敌国破，谋臣亡”的哲理，而且他深知刘邦的为人，所以选择了功成身退，因此避免了韩信等人的悲惨命运在自己身上上演，可谓高明。

第四篇　抵巇①术

“巇”是容器的裂痕，裂痕会由小变大。在裂痕刚刚出现时，可以通过“抵”使其闭塞，可以通过“抵”，使其停止，可以通过“抵”使其变小，可以通过“抵”使其消失，找准问题的关键，借势而为，乘虚而入。

①抵巇（xī）：抵，抵塞；巇，缝隙。抵巇，在这里指弥补不足、堵塞漏洞。

第一章　万物离合之道

原文

物有自然，事有合离[②]。有近而不可见，远而可知。近而不可见者，不察其辞也；远而可知者，反往[③]以验来[④]也。巇者，罅也。罅[⑤]者，涧也，涧者，成大隙也。巇始有朕，可抵而塞，可抵而却，可抵而息，可抵而匿，可抵而得，此谓抵巇之理也。

注释

②物有自然，事有合离：物，天地间的一切事物；自然，非人所为的，天然的；合离，聚合与分离。③往：既往，过去。④来：将来的意思。⑤罅(xià)：裂痕，间隙。

译文

万物都存在着一定的规律，任何事情都有对立的两个方面。有时彼此距离很近，却互相不了解；有时互相距离很远，却彼此熟悉。距离近而互相不了解，是因为没有互相考察言辞；距离远却能彼此熟悉，是因为经常往来，互相体察。所谓“巇”就是“瑕罅”，而“罅”就是容器的裂痕，裂痕会由小变大。在裂痕刚刚出现时，可以通过“抵”使其闭塞，可以通过“抵”，使其停止，可以通过“抵”使其变小，可以通过“抵”使其消失，可以通过“抵”而夺取器物。这就是“抵巇”的原理。

鬼谷锦囊

“矛盾是无处不在的”，本章主要讲天下万事万物都有合有离，都难免会产生裂缝，产生矛盾。从政者一定要善于观察矛盾的征兆，采取不同的态度对待：“巇始有朕，可抵而塞，可抵而却，可抵而息，可抵而匿，可抵而得。”这五种态度中，“抵而塞”与“抵而得”是两种最常用的方法。大到国家治理，小到企业经营、人际交往，都会出现矛盾和裂缝，在这种时候，一定要及时查漏补缺、弥补缝隙，正所谓“亡羊补牢，为时未晚”矣！

家庭关系如此，朋友关系、同事关系都是如此，有了缝隙，一定要及时“抵而塞之”。当然，我们更不能人为制造矛盾、撕破团结，因为利益而争得头破血流，否则不但无法获得应得的利益，还会失去应有的和谐与幸福，成为他人的笑柄。

延伸阅读

人与人之间相处，产生隔阂和裂痕是在所难免的。不管是亲人之间、夫妻之间、朋友之间、同事之间，等等，有了裂痕就要及时主动地去缝合和补救，不要让裂痕越来越大，以致无法挽救。

从前，在苏州某山下有一户人家姓田。父母已亡，只剩下三兄弟，老大叫家福，老二叫家禄，老三叫家寿。一家人靠种花采茶过日子。

然而，三兄弟经常斗嘴吵架，甚至动手相打，有时相互打得头破血流，一家人难以相安。是什么原因呢？原来三兄弟中，老大贪利，老二贪财，老三贪钱，三个人都自私贪婪。

有一年，弟兄三人在北山背阴面种了茶树，在南山朝阳面栽了花。栽的是一种据说是从印度传来的花，叫摩尼花。摩尼本是印度国王给公主的帽冠上镶嵌的一颗宝珠，洁白光亮，珍贵无比。这花儿的形状就很像那颗宝珠，洁白圆润，芬芳四溢，因此就叫它“摩尼花”。

这年的春末夏初，摩尼花儿开了，茶树也长大可以采摘了。南山的花香被风儿吹到北山的茶树林。老大头一个发现今年的茶叶上有一股甜香味儿。甜得沁人心脾，香得使人陶醉。老大高兴极了，瞒着老二、老三，偷偷把茶叶抢先摘下来，拿到市场上去卖了。果然人人喜欢、争先恐后地来买，价钱也比往年高了许多，一会儿就卖完了。

这事儿被老二、老三知道了。老二说：“北山的茶树是我种，南山的摩尼花是我栽，卖茶叶的钱应该全归我。”老三说：“种茶我出了力，栽花我吃了苦，卖的钱应该全归我。”老大却说：“摩尼是大家栽，茶叶是大家采。但是发现茶叶有香味的却是我一个人，所以卖的钱理应只归我。”

三兄弟吵得不可开交，就动手打了起来。俗话说：“相骂无好言，相打无好拳。”这一打就打了个三败俱伤，头破血流，兄弟三人还不肯罢休，你揪着我，我揪着你，就闹到戴逵那儿去了。

戴逵是何许人呢？原来他是当时有名的雕塑家兼琴师。据说他弹出的琴声可以把凤凰引来，可以使鸟儿跳舞。当朝宰相知道了，就派人去找他来宰相府弹琴。他却不愿为权贵弯腰，把琴砸了，就隐居到苏州的深山中来了。因此，苏州一带的百姓，人人都知道他为人正直、办事公道，都尊重他，有事都愿找他帮个忙，评个理。

这一天，田家三兄弟就找到戴逵这儿来了。三人争着把事情前后叙说了一番。戴逵听了，笑笑说：“摩尼花香茶叶贵，本是好事。但是，摩尼、摩尼，不要变成谋利，要认作末利。人不能过分求利，更不能因利忘义。为谋利而伤了兄弟的手足情，太不值得。若是你们兄弟三人一条心，门前的黄土也会变成金。我看以后把‘摩尼’改成‘末利’吧。只要你们三人都牢记住这两个字：‘末利’，就再也不会吵闹打架了。”兄弟三人听从了戴逵的劝导，从此，团结一心，共创幸福生活。这件事也教育了四方百姓。从此这一带民风淳朴，百姓和睦相处。人们都把“摩尼花”改叫作“末利花”。后人兴许觉得“末利”既是花草，就都加了个草字头，叫作“茉莉花”。

这个传说教给了我们一个深刻的道理，即“抵巇”之理，切勿因为小利而失大道。茉莉花那清纯、自然，超凡脱俗的高雅气质正是它不追名逐利的象征，值得我们世人学习。

总之，在有矛盾和裂痕时，我们一定要及时“抵而塞之”，在没有矛盾和裂痕时，我们要加强和巩固内部团结，这才是真正的“抵巇”之道。

第二章 知微见著的洞察力

原文

事之危[①]也，圣人知之，独保其用。因化[②]说事，通达计谋，以识细微，经起秋毫之末[③]，挥之于太山[④]之本。其施外，兆萌芽蘖[⑤]之谋，皆由抵巇。抵巇隙，为道术。

注释

①事之危：事物仅有危机征兆的时候。②因化：顺应变化。③秋毫之末：指秋季所生出的动物细毛。④太山：即泰山。⑤兆萌芽蘖：兆萌是微小的征候，芽蘖是伐木后从根部所生的新芽。

译文

当事物出现危机之初，只有圣人才能知道，而且知道它产生的原理，按着事物的变化来说明事理，了解各种计谋，以便观察对手的细微举动。万事万物在开始时都像秋毫之末一样微小，一旦发展起来就像泰山的根基一样宏大。当圣人将行政向外推行时，奸佞小人的一切阴谋诡计，都会被排斥，可见抵巇原来是一种方法。

鬼谷锦囊

在管理实践中，作为管理者，必须高度警觉和重视那些看起来轻微的、不起眼的，但触犯了公司核心价值的“小过错”，并坚持严格依法管理。所谓“千里之堤，溃于蚁穴”，倘若不能及时修好第一扇被打碎玻璃的窗户，就有可能给企业带来无法弥补的损失。

延伸阅读

鬼谷子曰：“经起秋毫之末，挥之于太山之本。”是说万事万物在开始时都像秋毫之末一样微小，一旦发展起来就像泰山的根基一样宏大。本章主要讲事物和矛盾都是从细微发展到巨大的，需要我们抓住事物的危险征兆，能够见微知著、防微杜渐。

智者圣贤往往初见端倪，就能知道事情的本质和发展趋势，这是一种明察秋毫、见微知著、以小见大的能力。

有一年夏初的一天，晴空万里，艳阳高照，黄鹂欢唱，蝉鸣蝶舞。鬼谷子突然对孙膑和庞涓说：“很快要涨大水啦！你们马上分头下山，告诉四周百姓，加固房屋，备好粮草，以防水淹。”孙膑、庞涓面面相觑，将信将疑，又不敢多问，只好遵命下山。

三天后，天气果然骤变。闷雷滚滚，大雨倾盆，山洪暴发，大地变成一片汪洋。幸亏鬼谷子事先告诉了百姓，才免遭一场灾祸。百姓感激鬼谷子，孙膑、庞涓也更加敬重他。但是他们却不知其中的奥妙，于是便向鬼谷子求教。

鬼谷子告诉他们，自己并非神仙，也不会料事如神，只是通过常年观察天象总结出了一些规律。在涨大水之前，早晨的天空会昏黄一片。这说明远处已有大水，阳光一照，水面的颜色反射到天空是昏黄色，因此可以断定，不久就要发洪水。

正是因为鬼谷子能够见微知著、防微杜渐，才使得百姓幸免于难。正所谓“千里之堤，溃于蚁穴”，倘若不能防微杜渐，往往会酿成大祸。

第三章　穷则思变

原文

天下分错[①]，上无明主；公侯无道德，则小人谗贼[②]；贤人不用，圣人窜匿[③]；贪利[④]诈伪者作，君臣相惑，土崩瓦解，而相伐射[⑤]。父子离散，乖乱[⑥]反目，是谓“萌芽巇罅”。圣人见萌芽巇罅，则抵之以法。世可以治则抵而塞之，不可治则抵而得之[⑦]。或抵如此，或抵如彼；或抵反之[⑧]，或抵覆之[⑨]。五帝[⑩]之政，抵而塞之，三王[⑪]之事，抵而得之。诸侯相抵[⑫]，不可胜数。当此之时，能抵为右[⑬]。

注释

①分错：错，混乱、骚乱；分错是四分五裂。②谗贼：说坏话，邪恶为害。③窜匿：逃跑隐匿。④贪利：贪图利禄。⑤伐射：互相残杀，激射。⑥乖乱：违背常理，行为混乱。⑦抵而得之：得，取得。通过“抵”来取得。⑧反之：帮助其恢复原状。⑨覆之：颠覆对手。⑩五帝：中国古代五位帝王，一说为黄帝、颛顼、帝喾、尧帝、舜帝。⑪三王：夏、商、周三朝开国君主，即夏禹王、商汤王、周文王和周武王。⑫诸侯相抵：这里指春秋五霸，即齐桓公、晋文公、宋襄公、楚庄王、秦穆公五个霸主互相抵制和对抗。⑬右：上位。

译文

天下动乱不止，朝廷没有贤明的君主；官吏们失去社会道德，小人谗言妄为；贤良的人才不被信用，圣人逃匿躲藏起来；一些贪图利禄，奸诈虚伪的人飞黄腾达，君臣之间互相怀疑，君臣关系土崩瓦解，互相征伐；父子离散，骨肉反目，就叫作“危机的萌芽”。当圣人看到危机时，就设法治理。当世道可以治理时，就要采取弥补的“抵”法，使其“巇”得到弥合继续保持它的完整，继续让它存在下去；如果世道已坏到不可治理时，就用破坏的“抵”法（彻底把它打破），占有它并重新塑造它。或者这样“抵”，或者那样“抵”；或者通过“抵”使其恢复原状，或者通过“抵”将其重新塑造。对五帝的圣明政治只能“抵而塞之”；三王从事的大事就是了解当时的残暴政治，从而夺得并重新建立政权。诸侯之间互相征伐，斗争频繁，不可胜数，在这个混乱的时代，善于斗争的诸侯才是强者。

鬼谷锦囊

“可治则抵而塞之，不可治则抵而得之”。本章是《鬼谷子》中最有特色的一篇，充满了民主思想，因而也是受正统思想攻击最厉害的一篇。作者并不是站在最高统治者的立场来看待和处理社会矛盾，而是站在一种比较公正的立场，他公开宣布：国家发生了矛盾，如果还可以挽救的话，就协助当权者挽救；如果国家已经腐败不堪，无可救药，就推翻它，取而代之。这种观点已接近了民主思想的边缘。

延伸阅读

所谓“穷则变，变则通”，当一个国家的统治出现了危机和矛盾时，若能“抵而塞之”，则可以变法图强，以挽救危机。

商朝最后一个国王是商代的第三十二位帝王子辛，也叫“帝辛”，“纣王”并不是其正式的帝号，是后人硬加在他头上的恶谥，意思是“残又损善”。

据正史所载，商纣王博闻广见、思维敏捷、身材高大、臂力过人。他曾经攻克东夷，把疆土开拓到东南一带，开发了长江流域。殷商末年，它有两个主要的敌手：西部的周方国及东部的夷人部族（甲骨文里被称作人方）。

这个时候，活动在渭河流域的姬姓周部落逐渐强大起来，首领周武王姬发正在积极策划灭商。他继承父亲文王遗志，重用姜尚等人，使国力增强。当时，商的军队主力正远在东方与东夷作战，国内军事力量空虚，周武王把握时机，联合各个部落，率领兵车300辆，虎贲（卫军）3000人，士卒4.5余万人，进军到距离商纣王所居的朝歌只有70里的牧野（今河南省淇县西南），举行了誓师大会，历数纣王罪状，鼓励军队同纣王决战。

此时，商王的大军无力回援，牧野之战的商军，并非商王朝的精锐之师，而是临时武装起来的奴隶和囚徒。交战中，部分奴隶与囚徒临阵倒戈，周武王最终赢得了胜利，取代了商纣。

自古以来，变法改革以及王朝更替都是顺应社会发展规律的举措和行为，能不能通过变法得以图强，能不能通过革命取而代之，是要看能否顺应历史发展潮流、社会发展规律以及是否顺应民心，而并非一已人力所能为也。

所以，“世可以治则抵而塞之，不可治则抵而得之”，是符合社会发展规律、符合民心的正确思想和行为。

第四章　找准弱点，乘“隙”而入

原文

自天地之合离、终始，必有巇隙，不可不察也。察之以捭阖，能用此道，圣人也。圣人者，天地之使[①]也。世无可抵[②]，则深隐而待时[③]；时有可抵[④]，则为之谋[⑤]。可以上合[⑥]，可以检下[⑦]。能因能循，为天地守神[⑧]。

注释

①天地之使：天地的代行者。②世无可抵：世，这里指乱世；无可抵，指无可补救。③深隐而待时：隐，隐藏，隐迹。深深地隐藏等待时机。④时有可抵：有补救的机会。⑤为之谋：为治理乱世而筹划的计谋。⑥可以上合：对上层可以合作。⑦可以检下：对下级可以督促检查。⑧为天地守神：守神，守护神。成为天地的守护神。

译文

自从天地之间有了“合离”“终始”以来，万事万物就必然存在着裂痕，这是不可不研究的问题。要想研究这个问题就要用“捭阖”的方法，能用这种方法的人。就是圣人，圣人是天地的使者。当世道不需要“抵”的时候，就深深地隐居起来，以等待时机；当世道有可以“抵”的弊端时，对上层可以合作，对下属可以督察，有所依据、有所遵循，这样就成了天地的守护神。

鬼谷锦囊

万事万物皆有“巇隙”，在敌我较量和斗争中，完全可以凭借慧眼找准敌手的矛盾和空隙所在，然后乘“隙”而入，以敌方内部矛盾作为突破口，大做文章，离间其内部关系，瓦解其内部团结，以赢得斗争的胜利。

延伸阅读

“自天地之合离、终始，必有巇隙，不可不察也。察之以捭阖，能用此道，圣人也。”本章主要讲抵巇之术是一种符合自然规律的圣人之道。

公元前203年，刘邦被项羽围困在荥阳城内。项羽率领的楚军在城外断绝了汉军的运粮甬道，城内粮草日渐困乏，十分危急。刘邦向项羽求和，项羽不肯。

陈平向刘邦献计，建议离间项羽与亚父范增、钟离昧、龙且、周殷等人的关系，待项羽众叛亲离时，再举兵进攻。

刘邦采纳了陈平的计谋，使人造谣说：项王属下钟离昧、龙且、周殷想要投降汉王。

项羽为人本来就好猜忌，果然对钟离昧等人产生了怀疑。一天，项羽派使者到刘邦营中，陈平让侍者准备好十分精致的餐具，侍者刚一进屋，便假装惊讶地说：“我们以为是亚父派来的人呢，原来是项王的使者。”又把这些餐具端了出去，换上了十分粗劣的餐具和饮食。使者回营告诉了项羽，项羽对范增也产生了怀疑。

这时，范增向项羽建议急攻荥阳，项羽却一反常态，拒不听从。

过了几天，范增得到了项羽已经怀疑自己的消息，便找到项羽告辞回乡，在回乡路上患病死去。项羽失掉了范增，又不信任钟离昧等人，真正成了孤家寡人。

不久，韩信、陈平等人用计从城中救出了刘邦。以后，不到一年的时间，项羽便失去了军事优势。最后，垓下一战，项羽自刎于乌江。

第五篇　飞箝①术

掌握事物发展变化的规律，然后权衡这些关系，如果还有不清楚的地方，就要进行研究，进行探索，使之为我所用。借用引诱对手说话的言辞，行动的手段，然后钳住对手。钩钳之语是一种游说辞令，其特点是忽同忽异。

①飞箝：飞，飞扬、褒奖。箝，亦作“钳”，意为挟住、挟持。飞箝，在这里是指先褒扬对手，令其激动，待其露情竭志时，因其所好缄束钳持，令其不得后退。

第一章　笼络人心招贤才

原文

凡度权量能[2]，所以征远来近[3]。立势而制事[4]，必先察同异之党，别是非之语，见内外之辞[5]，知有无之数[6]，决安危之计，定亲疏之事[7]，然后乃权量之[8]。其有隐括[9]，乃可征，乃可求，乃可用。引钩钳之辞[10]，飞而钳之。钩钳之语[11]，其说辞也[12]，乍同乍异。其不可善者[13]，或先征之，而后重累[14]；或先重以累，而后毁之；或以重累为毁[15]，或以毁为重累。其用[16]，或称财货[17]、琦玮珠玉、璧白、采色[18]以事之[19]，或量能立势[20]以钩之[21]，或伺候见涧而钳之，其事用抵巇。

注释

②度权量能：度，度量，权衡；权，人的计谋，能，能力；意思是度量权略，权衡能力。③征远来近：征，征召；远，远方，这里指远方有才能之人。④立势而制事：造成一种态势，掌握变化的规律。⑤内外之辞：内是实情，外是表面，指对内、对外的各种进言。⑥有无之数：数，数量。指有余不足的程度。⑦亲疏之事：有关亲密或疏远的事情。⑧权量：权衡度量，计算长短轻重。⑨隐括：隐伏不清之处。⑩引钩钳之辞：钩是弯曲金属所做的钩针，比喻引诱他人的言论。⑪钩钳之语：即为引诱对方和挟持对方所说出的话。⑫其说辞也，乍同乍异：乍，忽然；同，相同；异，差异。这里是说钩钳之语，对于对方的言论，忽然相同，忽然不同。⑬不可善者：即使运用

钩钳之法也不能转移的人。⑭重累：反复。⑮以重累为毁：通过反复试验，以使对方瓦解。⑯其用：准备要采用时。⑰财货、琦玮：财货，钱财货物；琦玮，珍贵宝玉。⑱采色：带颜色的美丽东西。⑲以事之：给予试验。⑳量能立势：量能，测验，考察才能；立势，造成态势。指通过衡量才能，创造态势。㉑以钩之：用来吸引他们。

译文

揣度人的智谋和测量人的才干，是为了吸引和招徕人才。想要造成一种声势，进一步掌握事物发展变化的规律，一定要首先考虑派别的相同和不同之处，区别各种对的和不对的言论，了解对内、对外的各种进言，掌握有余和不足的程度，决定事关安危的计谋。确定与谁亲近和与谁疏远的问题，然后权量这些关系。如果还有不清楚的地方，就要进行研究，进行探索，使之为我所用。借用引诱对手说话的言辞，然后通过恭维来钳住对手。钩钳之语是一种游说辞令，其特点是忽同忽异。对于那些以钩钳之术仍没法控制的对手，或者首先对他们威胁利诱，然后再对他们进行反复试探；或者首先对他们进行反复试探，然后再对他们发动攻击加以摧毁。想要重用某些人时，或者先赏赐财物、珠宝、玉石、白璧和美丽的东西，以便对他们进行试探；或者通过衡量才能创造态势，来吸引他们；或者通过寻找漏洞来控制对方，在这个过程中要运用抵巇之术。

鬼谷锦囊

“飞钳”“攻心”之术历来为政治家和军事家所推崇。能掌握“攻心”之术，不仅能事半功倍，甚至可以不费吹灰之力，就取得“全胜”。“攻心”之术用于治军，则将帅齐心，士卒誓死效忠，可以一鼓作气，战无不胜，攻无不克；用于治国，则可令人心服，民心归顺，上下一心，国定邦兴。推而广之，凡是涉及人际关系，需要人做的事，攻心之术，无不可用之。

延伸阅读

大才和贤才，都是领导者孜孜以求的栋梁，都想为己所用，加之人才本身具有流动性，所以想方设法控制住人才，让其长期为我所用是一个英明和有远见的领导者必须考虑的事。

所谓“用兵之道，攻心为上，攻城为下。心战为上，兵战为下”，用兵之道如此，制人之道亦是如此，若想控制一个人，最有效的上上之策便是抓住其人性弱点，控制其心。

“攻心”术之最善者，莫过于使“人心服”“敌心死”。所谓“人心服”，是使人口服心服，乐为己用；所谓“敌心死”，是使敌心完全瓦解，不敢再进行反抗。古往今来，最善攻心者，莫过于三国刘备。

他救徐州而三让徐州，故深得徐州百姓的爱戴。他驻军新野，政治一新，百姓称颂他：“新野牧，刘皇叔，自到此，民丰足。”因而取得了百姓的衷心拥护。曹操追击，他弃樊城奔襄阳，两县百姓誓死跟随，他拥民众数万，一日仅行十余里，有被俘的危险。有人劝他“弃百姓，先行为上”。刘备泣说：“举大事者必以人为本。今人归我，奈何弃之?”后来刘备取蜀，也采取“攻心”战略，即以结民心为先。

正因刘备能处处以百姓为重，又以恩义结将相之心，故人心归之，愿为之效死。“得人心者昌”，这便是刘备之能成大事的关键所在。历史上类似的事件还有很多：周文王为民请命，废除炮烙博取民心；勾践卧薪尝胆，与民同甘共苦赢取民心；刘邦与关中父老“约法三章”笼络民心等等不一而足。

第二章　钩其所好，以钳求之

原文

将欲用之于天下[①]，必度权量能，见天时之盛衰，制[②]地形之广狭，阻险之难易，人民货财之多少。诸侯[③]之交孰亲孰疏、孰爱孰憎；心意之虑怀，审其意[④]，知其所好恶，乃就说其所重[⑤]，以飞钳之辞钩其所好，以钳求之。

注释

①用之于天下：把飞钳之术推广到全天下。②制：控制，引申为掌握、了解。③诸侯：古代对中央政权所分封各国国君的统称。周朝分公、侯、伯、子、男五等。④审其意：详细考察他们的思虑和希望。⑤说其所重：游说其所重视的问题。

译文

要把“飞钳”之术向天下推行，必须考核人的权谋和才能，观察天地的盛衰，掌握地形的宽窄和山川险阻的难易，以及人民财富的多少。在诸侯之间的交往方面，必须考察彼此之间的亲疏关系，究竟谁与谁亲密，谁与谁疏远，谁与谁友好，谁与谁相恶。要详细考察对方的愿望和想法，要了解他们的好恶，然后针对对方所重视的问题进行游说，再用“飞”的方法诱出对方的爱好所在。最后再用“钳”的方法把对方控制住。

鬼谷锦囊

“审其意，知其所好恶，乃就说其所重，以飞钳之辞钩其所好，以钳求之”是说要详细考察对方的愿望和想法，了解他们的好恶，然后针对对方所重视的问题进行游说，再用“飞”的方法诱出对方的爱好所在，最后再用“钳”的方法把对方控制住。简而言之，就是说要想控制对方，就必须了解对方的好恶，尤其是对方的喜好，然后投其所好，就能成功控制对方的心。

延伸阅读

春秋战国时期，强大的楚国发兵攻打绞国，大军行动迅速。楚军数万人马兵临城下，气势旺盛，绞国自知出城迎战，凶多吉少，决定坚守城池。

绞城是一个地势险要、易守难攻的城池。强楚虽然多次进攻，但均被击退。两军相持一个多月。楚国莫敖屈瑕仔细分析了敌我双方的情况，认为绞城只可智取，不可强攻。

他对绞城进行深入的分析之后向楚王献计：“攻城不下，不如利而诱之。”他建议：趁绞城被围月余，城中缺少薪柴之时，派些士兵装扮成樵夫上山打柴运回来，敌军一定会出城劫夺柴草。这样，在开始的几天里，让他们得一些小利，等他们麻痹大意，大批士兵出城劫夺柴草之时，先设伏兵断其后路，然后聚而歼之，乘势夺城。

楚王却担心绞国不会轻易上当，屈瑕说：“大王放心，绞国小而轻躁，轻躁则少谋略。有这样香甜的钓饵，不愁它不上钩。”

楚王认为很有道理，就依计而行。绞侯听探子报告有挑夫进山的情况，忙问这些樵夫有无楚军保护。探子说，他们三三两两进出，并无兵士跟随。绞侯马上布置人马，待“樵夫”背着柴火出山之机，突然袭击，果然顺利得手。这样一连几天，收获不小。

绞国出城劫夺柴草的士兵越来越多。第六天，绞国士兵像前几天一样出城劫掠，“樵夫”们见绞军又来劫掠，吓得没命地逃奔，绞国士兵紧紧追赶，不知不觉被引入楚军的埋伏圈内。只见伏兵四起，杀声震天，绞国士兵哪里抵挡得住，慌忙败退，又遇伏兵断了归路，死伤无数。楚王此时趁机攻城，绞侯自知中计，已无力抵抗，只得投降。

投其所好就是抓住对方心中的欲望，想方设法地满足他的，然后让他为我所用。人之“所好”者，无非是金钱、名誉、美人、地位、忠义、诚信、颜面，等等。人都是有弱点的，而人的最大弱点就是人的欲望都“需要”别人的逢迎。只要抓住了这个弱点，然后投其所好，就能取得成功。

第三章　知己知彼，百战不殆

原文

用之于人[1]，则量智能[2]、权材力[3]、料气势[4]，为之枢机[5]以迎之、随之，以钳和之，以意宜之；此飞钳之缀[6]也。

注释

①用之于人：将飞钳之术用于人。②智能：智慧和才能。③材力：材，同“才”，指才干。④气势：气概和声势。⑤枢机：关键和重点，枢是门轴，机是枢纽。⑥飞钳之缀：缀，联结，缀合。这里是说飞钳之术的连带作用。

译文

如果把“飞钳”之术用于他人，就要揣摩对方的智慧和才能，度量对方的实力，估计对方的势气，然后以此为突破口与对方周旋，进而争取以“飞钳”之术达成议和，以友善的态度建立邦交。这就是“飞钳”的妙用。

鬼谷锦囊

无论做什么事，只要涉及与对手的较量，都要预先对对手进行仔细的分析，以求全面、准确地了解对方，正所谓“知己知彼”，方能“百战百胜”。战场如此，商场如战场，亦是如此。在当今的商务谈判中，对对手“量智能、权材力、料气势”具有非凡的借鉴意义和指导作用。

延伸阅读

“量智能、权材力、料气势。”本章主要讲如果把“飞钳”之术用于他人就要揣摩对方的智慧和能力，度量对方的实力，估计对方的势气，然后以此为突破口和切入点，方能取得成功。

三国诸葛孔明就是一个善于揣摩和度量他人的“号脉高手”。

公元208年，曹操亲率二十多万大军南征。江东的孙权摇摆在抗曹与降曹的两种选择之间。诸葛亮决定亲往江东，说服孙权。

诸葛亮首先遭遇到的是一批力主降曹、胆怯自私的文官。他们虽非决策人物，但对孙权决策有重大影响。尤其是谋主张昭，他是孙权的哥哥孙策临终时指定的处理江东内政的主要决策顾问。这些人的投降主张已经严重地干扰着孙权抗曹的决心，诸葛亮采用了快刀斩乱麻的果断手法，对各种不利于孙刘联兵抗曹的言论，一驳到底。

很快，诸葛亮与孙权直接会谈。他看到孙权“碧眼紫髯，堂堂一表”，立即判断对手有很强的自尊，“只有激，不可说”。对待这位江东的最高权威人物，诸葛亮对准他在战与降之间举棋不定的矛盾心态，不但把曹操的实力格外加码地描述了一番，而且直接地建议他如果不能早下抗曹决心，不如干脆投降。

孙权不甘屈辱，立即回敬一句：“诚如君言，刘豫州何不降曹？”

于是诸葛亮抓住这个话茬，毫不犹豫地抛出一枚令对方难以承受的重磅炸弹：“昔田横，齐之壮士耳，犹守义不辱。况刘豫州王室之胄，英才盖世，众士仰慕。事之不济，此乃天也，又安能屈处人下乎！”这枚炸弹既是对孙权的强大刺激，也是对孙权的有力鞭策，当然还是刘备一方对抗曹的坚定表态。此时，被触犯了尊严的孙权“不觉勃然变色，拂衣而起，退入后堂”。

倘若不是孔明这位高超的“号脉专家”能够准确把握对方脉搏，而是换上一个庸医，绝不会有如此的胆识，因为诸葛亮的做法要冒令整个谈判夭折的危险。但诸葛亮不是一个逞一时口舌之快而意气用事的人，他之所以敢这样做，完全是因为他把准了孙权的为人和心理。

第四章　以虚求实，空往而实来

原文

用于人[①]，则空往而实来[②]，缀而不失，以究其辞。可钳而从[③]，可钳而横[④]；可引而东，可引而西；可引而南，可引而北；可引而反[⑤]，可引而复。虽覆，能复，不失其度[⑥]。

注释

①用于人：用在对人的关系上。②则空往而实来：用好听的空话，突出对方的实情。③从：合纵。④横：连横。⑤反：返还。⑥度：节度。

译文

如果把“飞钳”之术用于他人，可用好听的空话去套出对方的实情，通过这样的连续行动，来考究游说的辞令。这样就可以实现合纵，也可以实现连横；可以引而向东，也可以引而向西；可以引而向南，可以引而向北；可以引而返还，也可以引而复去。虽然如此，还是要小心谨慎，不可丧失其节度。

鬼谷锦囊

“空往而实来”，是说可以用好听的空话去套出对方的实情，即以虚求实。这和“假作真时真亦假，无为有处有还无”大同小异、如出一辙，有时候故意“指假为真”，以假象去迷惑对方，往往能引诱甚至逼迫对方显露出真实意图。这就是以假求真。

以假求真、以虚求实的最大奥妙就在于反复试探以抓住对方心理，从而决定是投其所好、用激励褒奖的言辞去说服对方，还是故意诘难、诋毁对方，用假象使对方落入自己精心设置的陷阱。

延伸阅读

如果把“以虚求实、空往实来”应用于军事，便是家喻户晓的“空城计”了。

“空往实来”不仅可以在政治、军事上广泛应用，同样可以作为生活智慧应用于日常生活。

有个叫比克的人，借给一个商人3000金币，可是第二天不小心把借据丢失了，急得直冒汗。妻子在一旁，也想不出补救的办法，嘴里还在不停地埋怨。比克心里发慌，赶忙跑去找他最要好的朋友卢比，请他想个办法。

卢比深思了片刻，为比克想出了好办法：“可以向那个商人要一个借钱的证据。”

卢比说：“你马上给商人去封信，要求尽早归还你借给他的3500金币。”

“我只借给他3000金币，哪来的3500金币？”

“你去信催讨3500金币，他必定立刻回信，说明他只欠你3000金币。这样一来，你手里不就有证据了吗？”比克一听有道理，便写了一封信。对于为什么要急着催还这笔借款，理由说得很充分。

果然，不出5天工夫，商人回了一封亲笔信，信中这样写道：“……你发生了一点特殊情况，问我提前偿还这笔借款，我不能照你要求的去做，我们商定的借期是一年，我是按借款日期安排我的买卖的。至于说到借款的数目，你搞错了，肯定错了！我只借了3000金币，绝不是3500金币，你那里有我亲自写的证据，你是不是把别人的借款算到我头上来了？真主在上，我借的是3000金币，不是3500金币……”

比克拿着这封信，高兴地跑去找卢比报喜。

一个高明的“空往实来”的点子，让比克重新拥有了借据。可见“以虚求实、空往实来”是一种高明的人生智慧，它能帮助我们解决很多疑难杂症，使我们的人生之旅更加轻松自如！

第六篇　忤合①术

凡是计谋不可能同时忠于两个对立的君主，必然违背某一方的意愿。合乎这一方的意愿，就要违背另一方的意愿；违背另一方的意愿，才可能合乎这一方的意愿。这就是“忤合”之术。

①忤合：忤，抵触、背逆。合，符合，不违背。忤合，在这里是指以忤求合，先忤后合。

第一章　趋合与倍反

原文

凡趋合倍反②，计有适合。化转③环属④，各有形势⑤。反复相求，因事为制⑥。是以圣人居天地之间，立身御世，施教扬声明名也，必因事物之会，观天时之宜，国之所多所少，以此先知之，与之转化。世无常贵，事无常师。圣人常为无不为，所听无不听。成于事⑦而合于计谋⑧，与之为主⑨。合于彼而离于此，计谋不两忠，必有反忤⑩。反于此，忤于彼；忤于此，反⑪于彼。其术也，用之天下，必量天下而与之，用之国，必量国而与之；用之家，必量家而与之；用之身，必量身材能⑫气势而与之。大小进退，其用一也。

注释

②趋合倍反：趋合是趋向合一，相当于“合”；倍反是背逆，相当于“忤”。倍，同“背”。③化转：变化转移。④环属：像铁环一般连锁起来而没有裂缝。⑤形势：事物变化发展的态势。⑥因事为制：因，依据、凭借；制，法则，法度，控制。这里是指要根据实际情况进行控制。⑦成于事：把事情办成功。⑧合于计谋：实现或符合预定的计谋。⑨与之为主：与之，与他们。为主，为主人。指都是各为其主。⑩计谋不两忠，必有反忤：忠，忠实；反，背反；忤，抵触，背逆。任何计谋都不可能同时忠于两个主人，必然要相抵触。⑪反：此处当顺从解释。⑫材能：才质和能力，“材”通“才”。

译文

凡是有关联合或对抗的行动，都会有相应的计策。变化和转移就像铁环一样环连而无中断。然而，变化和转移又各有各的具体情形。彼此之间环转反复，互相依赖，需要根据实际情况进行控制。所以圣人生活在世界上，立身处世都是为了说教众人，扩大影响，宣扬名声。他们还必须根据事物之间的联系来考察天时，以便抓住有利时机。国家哪些方面有余，哪些方面不足，都要从这里出发去掌握，并设法促进事物向有利的方面转化。世界上的万事万物没有永远占领高贵地位的，世界上的万事万物也没有永远居于榜样地位的。圣人常常是无所不做，无所不听。办成要办的事，实现预定的计谋，都是为了自己的主人，合乎那一方的利益，就要背叛这一方的利益。凡是计谋不可能同时忠于两个对立的君主，必然违背某一方的意愿。合乎这一方的意愿，就要违背另一方的意愿；违背另一方的意愿，才可能合乎这一方的意愿。这就是“忤合”之术。如果把这种“忤合”之术运用到天下，必然要把全天下都放在忤合之中；如果把这种“忤合”之术用到某个国家，就必然把整个国家放在忤合之中；如果把这种“忤合”之术运用到某个家族，就必然要把整个家族都放在忤合之中；如果把这种“忤合”之术用到某一个人，就必然要把这个人的才能气势都放在忤合之中。总之，无论把这种“忤合”之术用在大的范畴，还是用在小的范畴，其功用都是一样的。

鬼谷锦囊

世界上每种事情的情况都千差万别，所以处理事情的策略和主张也就各不相同，或者相互契合，或者相互抵触，而且“世无常贵，事无常师”，所以非常有必要实行“忤合之术”。

实际上，鬼谷子的“忤合之术”就是哲学中所讲的矛盾，即矛盾双方既对立又统一，并且可以相互转化。鬼谷子的忤合之术是基于“忤”与“合”可以互相转化的原理。事情总是有正有反，有利有弊，有直有曲的。智者往往能够在现实环境里针对客观条件是否具有“天时”“地利”以及对方是否“人和”，并结合自己的实际需要，变不利为有利，或曲中见直或直中见曲，适时改变斗争形势，变被动为主动，从而化险为夷、转危为安。

延伸阅读

“忤合之术”其实很符合现代的矛盾原理：矛盾双方在一定条件下可以互相转化，只要不灰心、不气馁、不轻言放弃，逆境终可以转化为成长的垫脚石、进步的阶梯，即“背反”可以转变为“趋合”。

班婕妤是汉成帝的后妃，她的父亲班况曾在汉武帝后期驰骋疆场，立下不少汉马功劳。在赵飞燕入宫前，汉成帝对班婕妤最为宠幸。

赵氏姐妹入宫后，飞扬跋扈，许皇后十分痛恨，无可奈何之余，想出一条下策，在孤灯寒食的寝室中设置神坛晨昏诵经礼拜，祈求皇帝多福多寿，诅咒赵氏姐妹灾祸临门。

事情败露后，赵氏姐妹故意在成帝面前搬弄是非，诬陷许皇后不仅咒骂自己，还咒骂皇帝。

汉成帝一怒之下，把许皇后软禁于昭台宫。赵氏姐妹还想利用这一机会对她们的主要情敌班婕妤加以打击。

糊涂的汉成帝色令智昏，居然听从赵氏姐妹的挑唆审问班婕妤，并欲治其死罪。

大难将至，班婕妤从容不迫地说：“我听说死活有命运注定，能否富贵在于天意。行善尚且不能得到幸福，作恶还想指望什么？如果鬼神有知，就不会接受奸邪坏人的胡说；如果鬼神无知，向他诉说又有何益呢？所以我是不愿做祷告诅咒之事的。”

汉成帝觉得她说得有理，又念及以前的恩爱之情，更是顿生怜惜之心，当下就决定不予追究，并且厚加赏赐，以弥补心中的愧疚。

聪明的班婕妤在面临险境时，从容镇定地用忤合术的智慧将汉成帝说服，成功地使自己转危为安。

这就启示我们，在面对不利环境时，要充分发挥自己的主观能动性和创造性，相信依靠自己的能力和努力，可以变不利为有利，可以化险为夷、转危为安。

但反过来说，“趋合”同样可以转变为“背反”，倘若身处顺境却骄傲自满、掉以轻心、不思进取、故步自封，顺境就会变成进步的绊脚石。所以要求我们必须要有忧患意识、危机意识，要时时刻刻居安思危、居荣思辱，才能在竞争激烈的今天立于不败之地。

第二章　先计定，后行术

原文

必先谋虑计定[①]，而后行之以忤合之术[②]。古之善背向者，乃协四海、包诸侯，忤合天地而化转之，然后以之求合。故伊尹[③]五就汤[④]、五就桀[⑤]，而不能有所明，然后合[⑥]于汤。吕尚[⑦]三就文王、三入殷朝，而不能有所明，然后合于文王。此知天命之钳[⑧]，故归之不疑也。

注释

①计定：确定计谋。②忤合之术：即反合之术。③伊尹：古代传说人物，辅弼商汤消灭夏桀，是商朝开国名相。④汤：商朝的开国之君。重用伊尹消灭夏桀，开创商王朝，推行善政。⑤桀：夏朝最后一个暴君，被商汤王消灭。⑥合：在这里指归服。⑦吕尚：太公望，即姜尚，辅佐周文王，周武王，对周朝建国贡献极大，是齐国的始封主。⑧天命之钳：天命的制约。

译文

一定要先进行谋划、分析，计算准确了以后再实行“忤合”之术。古代那些善于通过背离一方、趋向一方而横行天下的人，常常是掌握四海之内的各种力量，控制了各路诸侯，促成“忤合”转化的趋势，然后达成“合”于圣贤君主的目的。过去伊尹五次臣服商汤，五次臣服夏桀，其行动目的还未被世人所知，就决定一心臣服商汤王。吕尚三次臣服周文王，三次臣服殷纣王，其行动目的还未显露于世人，就最后归服了周文王。这就是懂得天命的制约，所以才能归顺一主而毫不犹豫。

鬼谷锦囊

“先谋虑计定，而后行之以忤合之术。”是说无论在何时何地都要进行周密的谋划、分析，计算准确了以后再实行“忤合”之术。

在中国历史上，魏征先随李建成，后投李世民；杨业弃北汉投大宋，等等。这些人不是以忠诚于某个君主为从政标准，而是以大势所趋、民心所向作为标准主动地挑选明主，所以能够做到弃暗投明。后来，人们常说，“良禽择木而栖，良臣择主而事”，便是这个道理。

延伸阅读

审时度势、弃暗投明便是“先谋虑计定，而后行之以忤合之术”的典型。

弃暗投明原意是指抛弃昏庸懦弱的主公，投靠贤明仁德的主公，一般是劝服敌方投向己方的劝降用语。后来“弃暗投明”的词义有了发展，用来指断绝跟黑暗势力的关系，走向光明大道，也喻指在政治上脱离反动阵营，投向进步的方面。

马超是东川张鲁的手下，张鲁受被刘备逼得正紧的刘璋之请，让他带兵攻打刘备入川以后占领的葭萌关。诸葛亮让张飞出战，两人大战二百多回合，不分胜败；接着夜战，还是难决高下。诸葛亮就给刘备出主意，要用计谋招降马超。

刘备收买了张鲁的谋士杨松。杨松就散布谣言说马超想造反，劝说张鲁，限令马超一个月内攻取西川，打退刘备。马超心里明白这是不可能完成的。进，不能攻取西川；退，又不能通过重兵把守的关隘。马超陷入了进退两难的境地。

这时，刘备派遣跟马超有交往的李恢去劝降。李恢来到马超营寨。马超对部下说：“我知道李恢能说会道，他今天一定是来游说的。”就在营帐外面埋伏刀斧手，叮嘱说：“只要我一声令下，你们就把他砍成肉酱！”不一会儿，李恢进来了，马超威严地坐在军帐里，呵斥说：“你来干什么？”李恢说：“特意来做说客。”

马超说：“我的剑可是新磨的，你说说看，话不在理，就试试我的剑！”李恢笑着说：“将军的灾祸不远啦！”马超说：“我有什么祸？”李恢说：“您跟曹操有杀父之仇。向前走不能帮着刘璋打败刘备，往后退又没法制服杨松跟张鲁见面。四海没法容身，没有主公可以依靠。如果再失败了，有什么脸见天下人？”

马超听了叩头拜谢，说：“您说得太对了，只是我走投无路。”李恢说：“刘皇叔重视结交人才，他必成大业。您的父亲跟刘备共同声讨过曹操，您为什么不弃暗投明？这样既可以报父仇，也可以建功业。”马超非常高兴，便跟随李恢到葭萌关投靠刘备。

后来，马超成为五虎上将之一，官职升到骠骑将军，进封漦(chí)乡侯。这正是他弃暗投明的结果，也是诸葛亮“忤合之术”的成功运用。

在当今这个时代，弃暗投明仍有其现实意义。倘若你是一个想靠邪门歪道、投机取巧发迹的“江湖混混”“黑道中人”，那么浪子回头、弃暗投明，转向阳光大道是你最聪明和最明智的选择，也是最符合道德标准和法度的正确做法。倘若为了一己之私，贪图安逸和不劳而获，置国家法纪与社会公德于不顾，结果只能玩火自焚、悔之晚矣。

第三章　御世之能

原文

非至圣人达奥[①]，不能御世[②]；不劳心苦思，不能原事[③]；不悉心见情，不能成名；材质不惠，不能用兵[④]；忠实无真，不能知人[⑤]。故忤合之道，己必自度材能知睿，量长短、远近孰不如，乃可以进、乃可以退；乃可以从、乃可以横。

注释

①奥：高深，这里指事物深层的规律。②御世：驾驭天下。③原事：揭示事物的本来面目。④兵：这里指军队。⑤知人：了解他人。

译文

对于一个纵横家来说，如果没有高尚的品德，超人的智慧，就不可能通晓深层的规律，就不可能驾驭天下；如果不肯用心苦苦思考，就不可能揭示事物的本来面目；如果不能全神贯注地考察事物的实际情况，就不可能功成名就；如果才能、胆量都不足，就不能统兵作战；如果只是愚忠呆实而无真知灼见，就不可能有察人之明。所以，"忤合"的规律是：要首先自我估量聪明才智，然后度量他人的优劣长短，分析在远近范围之内还比不上谁。只有在这样知己知彼以后，才能随心所欲，可以前进，可以后退；可以合纵，可以连横。

鬼谷锦囊

一个人无论做任何事，首先要自我估量，然后度量他人的优劣、长短，分析、对比自己与他人的差距所在。只有在这样知己知彼以后，才能随心所欲，进退自如、淡然若定。

一个人只有先了解自己，才能明确地为自己的人生定位，才能清清楚楚地知道自己该做什么，能做什么，适合做什么乃至做什么能成功；一个人只有对所处的环境有清晰而全面的了解，才能知道自己何去何从，才能正确决断自己的去向，才能找到自己的用武之地。

延伸阅读

西周姜子牙就是一位自知而知人的大贤之人，他辅佐西周、讨伐商纣便是得益于此道。

姜子牙因不满殷纣王的胡作非为和残暴无道，便愤然而去，到各国游说，已70岁高龄仍怀才不遇。

后来，他听说西伯文王贤能，便去投奔，在渭水河磻溪一带钓鱼，过隐居生活。一天，周文王打猎偶然遇上了他，与他谈论天下大事。他颇有见地的看法和富有哲理的分析，使文王十分惊奇和佩服，立即请他坐上自己的车，同车而归，封为太师，掌管军政大权。他博才多闻，用兵有奇计，政绩显著，深得民心。同时，他还尊重人才，礼贤下士。使天下三分，其二归周。武王即位后，姜子牙被尊为师尚父。他帮助武王讨伐纣王，决战于牧野，大获全胜，奠定了武王统一中国的基础，为西周的建立做出特殊的贡献。

后来，姜尚被武王封于齐（今山东省临淄市），建立了齐国。姜尚在治理自己的封国时，顺应民俗，革除陋习，大力发展工商渔盐事业，人民都乐于归顺到齐国，使齐国很快强盛起来。他还著有兵书《六韬》。

姜子牙没有在不属于自己的天地里做顽固的坚持，他深知商纣昏庸无道，所以愤然离去；他得知周文王乃贤德之主，并且礼贤下士，便去投奔，所以终成大业。

“己必自度材能知睿，量长短”还有另外一层现实意义，就是要承认自己的不足，同时了解他人的长处，学会取长补短。

第七篇　揣情术

所谓揣情，就是必须在对方最高兴的时候，去加大他们的欲望，他们既然有欲望，就无法按捺住实情；又必须在对方最恐惧的时候，去加重他们的恐惧，他们既然有害怕的心理，就不能隐瞒住实情，心理、欲望必然要随着事态的发展变化而流露出来。

第一章　何谓揣情

原文

揣[①]情者，必以其甚喜之时，往而极其欲也，其有欲也，不能隐其情；必以其甚惧之时，往而极其恶也，其有恶也，不能隐其情。情欲[②]必知其变。

注释

①揣：揣度。这里是指揣度情理。②情欲：心理、欲望。

译文

所谓揣情，就是必须在对方最高兴的时候，去刺激他们的欲望，他们既然有欲望，只要欲望表现出来，实情就难以隐藏；一定要在对方最恐惧的时候前去见他，并设法加重他的恐惧，只要恐惧表现出来实情就难以隐瞒。人的情欲往往在特别高兴或特别悲伤的时候发生变化。

鬼谷锦囊

“揣情者，必以其甚喜之时，往而极其欲也，其有欲也，不能隐其情；必以其甚惧之时，往而极其恶也，其有恶也，不能隐其情。”是告诉我们要把握好揣情的时机，大喜、大惧的时候是最好的时机，我们要善于在对方最高兴的时候去加大他们的欲望，在对方最恐惧的时候去加重他们的恐惧，从而让对方将实情暴露出来。

延伸阅读

有时候，把握住了对方的恐惧心理，不妨再“危言耸听”一番，即以恐吓的手段刺激对方，人一旦受到这种刺激，往往会因为恐惧而心慌意乱，失掉原来的立场，进而答应你所提出的条件。

田婴，是齐威王之子，封于薛地。他喜欢养士，门下有众多门客。

田婴准备在封地薛修筑城防工事，因为会引起齐王猜疑，不少门客去谏阻他。田婴于是吩咐传达人员不要为劝谏的门客通报。有个门客请求谒见田婴，他保证说：“我只说三个字就走，要是多一个字，愿意领受烹杀之刑。”田婴于是接见他。门客快步走到他跟前，说：“海大鱼。”然后转身就走。田婴赶忙问：“先生还有要说的话吧?”门客说：“我可不敢拿性命当儿戏！”田婴说：“不碍事，先生请讲！”门客这才回答道：“您没听说过海里的大鱼吗？渔网钓钩对它无能为力，但一旦因为得意忘形离开了水域，那么蝼蚁也能随意摆布它。以此相比，齐国也就如同殿下的‘水’，如果你永远拥有齐国，要了薛地有什么用呢？而你如果失去了齐国，即使将薛邑的城墙筑得跟天一样高，又有什么作用呢?”田婴称赞说：“对。”于是停止了筑城的事。

田婴在薛地修筑工事极易引起齐王的猜忌，如此一来，田婴就会失去在齐国的权势，试想如果靖郭君没有了齐国做自己坚强的后盾，就算薛地的防御再好也抵挡不住敌人的攻击。有权势的人当然害怕失去自己的权势，生活得有滋有味的人当害怕失去美好的生命。故事中的门客就是应用了“以其甚况之时，往而极其恶”的策略，成功地说服了田婴。

第二章　探测揣情

原文

感动而不知其变者，乃且错其人勿与语，而更[1]问所亲，知其所安[2]。夫情变于内者，形见[3]于外。故常必以其见者，而知其隐者。此所谓测深揣情。

注释

①更：改变。②安：安静。③见（xiàn）：同“现”，出现、显现。

译文

对那些已经触动情感仍不见有异常变化的人，就要改变游说对象，不要再对他说什么了，而应改向他所亲近的人，这样就可以知道他不为所动的原因。感情从内部发生变化，必然要通过形态显现于外表。所以我们常常要通过显露出来的表面现象，来了解那些隐藏在内部的真情。这就是所说的揣测内心的方法。

鬼谷锦囊

为人处世，最重要的本领之一就是读心。不清楚对方心里想什么，就无法把话说到对方的心里去，做事情当然就无法取得满意的结果。要想把事情做好，就一定要在洞察人心、揣摩人意上多下功夫，正所谓“进门看脸色，出门观天色”。一个人的情绪和心理往往会通过面部表情表现出来。懂得察言观色的人，往往可以通过对方的一句话、一个眼神就能读懂对方的心意，从而随机应变、见机行事，办起事情来自然也就得心应手、游刃有余了。

不过，倘若对方是个喜怒不形于色、城府很深的人，或者从正面不方便下手，那么不妨考虑一下旁敲侧击，通过侧面的敲打来观察对方的反应，以洞悉对方的心理。

延伸阅读

“故常必以其见者，而知其隐者。此所谓测深揣情。”是说揣情要善于察言观色，从对方的外在表现探测其内心深藏的思想感情。

春秋时代，齐相管仲和齐桓公的夫人卫姬便深明此道，因而能摸准齐桓公的脉搏。

齐桓公召集诸侯，卫国的国君最后一个到，齐桓公退朝后同管仲计划征伐卫国。齐桓公从朝堂走进内宫，卫姬望见齐桓公从堂上下来，马上下跪拜了两拜，为卫国的国君请罪。齐桓公说：“我与卫国没有什么事情纠纷啊，你何必为卫君请罪呢？”卫姬说：“我看到您进来时，脚步提得很高，呼吸强烈，有征伐卫国的气概。看到我时露着不安之状，这明明是打算征伐卫国啊。”第二天，齐桓公进朝堂时朝着管仲一拱手就进去了。管仲对齐桓公说：“主公您已舍弃伐卫的计划了吗？”齐桓公说：“仲父怎么辨出我已放弃伐卫的计划呢？”管仲说：“您上朝拱手时比平时恭谨，说话迟缓，看到我时面孔发红，从这几方面的观察，我因此得出了您放弃伐卫的结论。”

管仲通过察言观色的方法，分析出了齐桓公放弃伐卫的结论，卫姬通过观察行为举措，洞悉了齐桓公的心理。齐桓公虽然没有把心里的话说出来，但这些心里的“潜台词”早已通过他的一举一动暴露出来了。

赵高“指鹿为马”的典故则是一个从侧面揣测人心的典型。

秦始皇在巡视沙丘途中不幸病逝，当时他身边只有小儿子胡亥，太子扶苏正在北方监视蒙恬的部队防御匈奴，未能及时赶到接受遗诏。于是丞相李斯伙同宦官赵高，合谋扣留了秦始皇给长子扶苏的遗诏，并且伪造两封诏书：一封是说帝位传给次子胡亥，另一封是说将扶苏和蒙恬赐死。

扶苏接到遗诏后就自杀了，蒙恬被关进狱中最终被害死。

胡亥是一个懦弱而没有经验的少年，虽做了皇帝，但完全受赵高的控制，自己不能做主。赵高权势越来越大，但仍惧怕丞相李斯，于是他在秦二世二年（公元前208年）诬陷李斯私通盗匪。秦二世信以为真，竟然将李斯腰斩并诛灭三族。事后，秦二世非但不省悟，反而感激地对赵高说："如果没有你，我几乎被李斯所害了。"赵高见二世如此愚蠢无能，更依仗权势胡作非为。

秦二世三年（公元前207年），赵高升为丞相，更是权倾天下，一方面将反对他的大臣们处死，一方面将所有国家大事都归由他一人掌握。秦二世也乐得不问朝事，整日荒淫无度。即使这样，赵高仍不满足，还想进一步篡夺皇位，但因自己出身微贱，恐怕朝中大臣们不听指挥，反而误了大事，于是想出一计先试探大家的反应。有一天，他特地带了一只鹿到朝廷献给二世说："臣献给皇上一匹马。"二世虽然昏庸，但还不至于连鹿和马都分辨不出，于是笑着对赵高说："丞相，你弄错了吧，这明明是鹿，你怎么说是马呢？"赵高没有回答，二世就转向左右的大臣："你们大家说，这究竟是鹿还是马？"朝中众臣大多畏惧赵高的权势，有的人不作声，有的人为了讨好赵高，便说："这当然是一匹马。"

赵高想知道朝中大臣究竟哪些拥护自己，哪些反对自己，当然不能通过正面查问得知，所以他选择了旁敲侧击的方法，通过朝臣们"是鹿是马"的反应，判断出了究竟哪些是"敌"，哪些是"友"，从而为自己采取不同的对策提供了依据。

第三章　避所短，从所长

原文

故计[①]国事者，则当审量权；说人主，则当审揣情，避所短，从所长。谋虑情欲必出于此。乃可贵，乃可贱，乃可重，乃可轻，乃可利，乃可害，乃可成，乃可败，其数[②]一也。故虽有先王之道、圣智之谋，非揣情、隐匿，无所索[③]之。此谋之本也，而说之法也。常有事于人，人莫能先。先事而至，此最难为。故曰“揣情最难守司”。

注释

①计：谋划。②数：法术，这里指办法。③索：追求。

译文

所以，谋划国家大事，就应当详细地衡量权势；游说君主，则应当全面揣测实情。探知对方的谋划、想法、情感和欲望，必须以这种谋略为主。谋士们可能富贵，也可能贫贱，可能受到尊敬，也可能被轻视，可能获利，也可能遭到损害，可能成全他人，也可能败坏他人，其使用的办法都是一致的。因此，即使有古代先王的治国之道，有圣人的高超智谋，不通过揣度实情，也就无法探测出所有隐匿的情况。这是谋略的基础，游说的通用法则。对某些事情突然发生，人们不能事先预料，是因为提前预料是最难的。所以说：揣测实情，最难把握。

鬼谷锦囊

“说人主，则当审揣情，避所短，从所长。”是说游说他国君主，应当全面揣测别国君主的想法，避其所短，从其所长。

其实不仅游说别人如此，做人做事都是如此：用人要用其长、避其短才能充分发挥其价值，为我所用；为人所用要避主短处（人性弱点）、从主长处（人性优点）才能既有用武之地，又不会有“自作聪明、自以为是”“功高盖主”的嫌疑；学习别人要取其长处、补己短处，才能使自己不断进步和完善；读书要“取其精华、弃其糟粕”才能获得有益身心的知识和道理，等等。

延伸阅读

去过寺庙的人都知道，一进庙门，首先是弥勒佛，笑脸迎客，而在他的背面，则是黑口黑脸的韦陀。但相传在很久以前，他们并不在同一个庙里，而是分别掌管不同的庙。

弥勒佛热情快乐，所以来的人非常多，但他什么都不在乎，丢三落四，没有好好地管理账务，所以依然入不敷出。而韦陀虽然管账是一把好手，但成天阴着个脸，太过严肃，搞得人越来越少，最后香火断绝。

佛祖在查香火的时候发现了这个问题，就将他们俩放在同一个庙里，由弥勒佛负责公关，笑迎八方客，于是香火大旺。而韦陀铁面无私，锱铢必较，则让他负责财务，严格把关。在两人的分工合作中，庙里一派欣欣向荣的景象。

弥勒佛和韦陀各有长短，但佛祖在用人上真堪称一位高手：让弥勒佛负责公关，韦陀负责理财。果然在两人的分工合作中，庙里呈现出一派欣欣向荣的景象。佛祖可谓真正做到了用之所长、避之所短、长短互补、阴阳相济。

佛祖将弥勒佛和韦陀两人的长处合二而一，获得了“1＋1＝无穷”的结果，也就是人们常说的“优化组合”，可谓达到了用人和经营管理的至高境界。这对我们的现实生活，尤其是企业用人之道，具有非常的借鉴意义和指导作用。

“避所短，从所长”在人生道路上还有另一层借鉴意义，即要取长补短，善于向他人学习。《吕氏春秋》有云：“善学者，假人之长以补其短。”意思是说，善于学习的人，借用吸取别人的长处来弥补自己的短处。人生在世，只有不断学习和吸收别人的长处为我所用，才能不断取得进步、完善自我。

第四章　选择进谏的时机

原文

言必时[①]其谋虑，故观蜎飞蠕动[②]，无不有利害[③]，可以生事变。生事者，几之势也。此揣情饰言成文章，而后论之。

注释

①时：动词，通“伺”，观察、侦察，引申为“掌握”。②蜎（yuān）飞蠕动：泛指昆虫的行动。蜎是没有骨头的昆虫，爬行时都必须屈伸身体，就叫蠕动。③无不有利害：无不藏有利害。

译文

游说进言必须深谋远虑。因此观察昆虫蠕动，无不藏有利害，可以引发事物的变化。任何事情在刚刚变化之时，都呈现一种微小的态势。这就是揣情的时候，需要先修饰言辞，或使之富有文采，出口成章，这样才能进行游说之道。

鬼谷锦囊

“言必时其谋虑”，是说进谏是需要看时机的，是否合时宜是进谏成功与否的关键所在，选择什么时间进言，进言要用多长时间，这些都是进谏者要事先思量的问题。进谏合乎时宜，往往能收到预期甚至事半功倍的效果。

延伸阅读

《江乙说于安陵君》的故事足以说明这一点。

一天，大臣江乙对安陵君说："先生可知自己为什么能身居高位，执掌大权吗？"安陵君答道："不过是大王过分地抬举我罢了，不然哪能这样呢？"江乙说："用钱财结交的，钱财用尽而交情就断绝了；靠美色结合的，色衰而爱情就改变了。因此得宠的臣子不等车子坐坏已被驱逐，献媚的女子不等到床席磨破就遭遗弃。如今你掌握楚国大权，却没有办法和大王深交，我暗自替你觉得危险。"安陵君急着问："既然如此，那该怎么办呢？"江乙出了个主意："您去请求在大王归天时，随大王一块死，以自身为大王殉葬。如果这样说了，必能在楚国长久地保住权位。"安陵君拜谢说："愿意听从您的指教。"

不觉过了三年，安陵君还没有讲。江乙便对他说："既然您不用我的计谋，我就不敢再和您见面了。"安陵君解释说："哪里敢忘先生的话，只是还没有合适的机会。"

不久，楚王带着千乘马车去云梦游猎。楚王一箭射死一头野牛，十分高兴，仰天大笑道："今天游猎太开心了，不知寡人我万岁千秋之后，还和谁能有今天这样快乐呢？"这时安陵君泪流满面地走上前说："我进入宫中与大王同席共坐，到了外面就陪伴大王乘车。如果大王万岁千秋之后，我希望能随您奔赴黄泉，变作席垫为大王阻挡蝼蚁，没有比这更令人安慰的事了。"楚王听了十分喜悦，马上筑高坛正式封他为安陵君，从此对他更加信赖。

对于此，有人曾曰："江乙可谓善谋，安陵君可谓知时矣。"就是说安陵君说话很注意时机，一直等到适宜的机会才将江乙的计谋付诸实践，所以赢得了楚王的大悦和更大的信赖。

先秦法家认为："权势者，人主之所独守也""下侵上之权，臣用君之术，为乱政之本"。君王处于权力的金字塔尖，操纵着万民百官的生杀予夺大权，谁人不想得到君王的庇护与照顾，以期获取显爵厚禄？因此，明智的大臣进谏时一定要懂得把握时机。

进谏一定要因人而异，相机而言，倘若谏言不看时机，不分场合，不看对象，即使谏言是对的，也不会收到预期效果，甚至有可能招致祸端。

第八篇　摩意术

“摩意”是一种与“揣情”相类似的方法。在“揣情”的过程中需要掌握“揣”的规律。而这些规律都是隐而不现的，这就要适当地去“摩”，要将内心的感情表现于外，就必然要做出一些行动，这就是“摩意”的作用。

第一章　揣情，摩意

原文

摩[①]者，揣之术也。内符[②]者，揣之主[③]也。用之有道，其道必隐[④]。微摩之以其所欲，测而探之[⑤]，内符必应。其应也，必有为之[⑥]。故微而去之，是谓塞窌[⑦]、匿端[⑧]、隐貌、逃情，而人不知。故能成其事而无患。摩之在此，符之[⑨]在彼。从而应之，事无不可。

注释

①摩：揉擦，切磋。这里指通过刺激、试探，以求引起对方反应，从而了解内情。②内符：情欲活动在内，符验就表现在外。③揣之主：揣的主要对象，指内符。④隐：隐密。⑤测而探之：观测、研究，以探求其真实的欲求。⑥有为之：有作用。⑦窌（jiào）：地窖。⑧匿端：匿，隐藏；端，端绪、开始、前兆。隐匿其端绪。⑨符之：与之呼应。

译文

所谓“摩意”是一种与“揣情”相类似的方法。“内符”是“揣”的主要对象。在“揣情”的过程中需要掌握“揣”的规律，而这些规律都是隐而不现的。这就需要适当地去“摩”，根据自己的喜好进行测探，其内情便会通过外符反映出来。要将内心的感情表现于外，就必然要做出一些行动，这就是“摩意”的作用。实现这个目的之后，要在恰当的时机远离对方，隐藏动机，消除可见的痕迹，伪装其外表，回避相应的实情，让人无从知晓此事的行为者。因此，达到目的的同时又不会留下祸患。在此处揣摩对方，而在另一处观察对方的表现，让我方的揣摩能在对方顺利地实现，那就没有办不成的事情。

鬼谷锦囊

要想成事，就需要巧妙地隐藏自己的想法，不能轻易暴露自己的真实意图，在符合别人观点的前提下，揣摩对方的心境，只有这样，事情办成之后才不会留下后患，这也是“揣摩”的高明之处。

“揣情”“摩意”，常常因机而发，顺情而得。当人们明确自己的行为目的之后，即可择法而行之。而“摩”的行为方式也是有一定规律的。高明的“摩”者，善于独立思考，能辨明对方的内心欲求。

延伸阅读

历史上许多农民起义都借天意来征服天下人心。先秦陈胜、吴广如此，刘邦如此，黄巾军亦如此。洪秀全也以此“摩”尽天下人内心，而自编神话谋起义。

在今天的商业活动中，“摩意”之术就显得更为重要，只有摸清市场的需求，掌握顾客的消费心理，才能稳操胜券。

在现代社会的诸多领域，摩意之术同样重要。谈判、销售、公关，等等，无不需要对对方的心理进行揣摩，只有揣摩到了对方的真实心理，你才能顺利实现你的预期目的。

第二章　谋之于阴，成之于阳

原文

古之善摩者，如操钓而临深渊，饵而投之，必得鱼焉。故曰："主事[①]日成而人不知，主兵[②]日胜而人不畏也。"圣人谋之于阴[③]，故曰"神"；成之于阳[④]，故曰"明"。所谓"主事日成"者，积德也，而民安之，不知其所以利[⑤]；积善也，而民道[⑥]之，不知其所以然；而天下比之神明也。"主兵日胜"者，常战于不争、不费[⑦]，而民不知所以服，不知所以畏，而天下比之神明[⑧]。

注释

①主事：所主持的事情。②主兵：指挥军队。③谋之于阴：悄悄地谋划、策划，不让人知道。④成之于阳：公开实现目的。⑤所以利：之所以有利。⑥道：当作应走的路来顺从。⑦不争、不费：不使用武力，不消耗战费。⑧比之神明：当作神奇和圣明。

译文

古代善于"摩意"之人，就好比拿着钓竿去水潭边钓鱼一样，只需把带有饵食的鱼钩放入水中，静静等待，无须声张，便可以钓到鱼。所以说：所主办的事情成功之后却没有被发觉，指挥军队将敌军压倒却无人感到畏惧，唯有这样做才是高明的行为。那些具有高修养和高智慧的人总是在悄悄地谋划某一行动，因此被称之为"神"；而某些行动显现于光天化日之下，因此被称之为"明"。所谓"主事日成"的人在暗中积德行善，百姓也安居乐业，却不知道为何会享受到这些利益，他们依然广泛行善，使老百姓生活于善政中却不知为什么会有这样的局面；普天下的人们都把这样的“谋之于阴、成之于阳”的政治策略称为“神明”。那些统率军队日益压倒敌人的人，持之以恒地与敌军对抗作战，却不去争夺城池、不消耗人力物力，因此老百姓不知道为什么会邦国臣服，更加不知道什么叫恐惧。为此，普天之下都称“谋之于阴、成之于阳”的军事策略为：“神明”。

鬼谷锦囊

“摩”之术的运用必须讲究技巧，为了顺利实现“摩”之目标，就不能暴露任何蛛丝马迹。要做到这一点，往往就需要采取“明修栈道，暗度陈仓”“声东击西”的方法。

这种策略非常适用于军事。在行军打仗的过程中，我们明明是为了这个军事目标，却偏偏在远离这一目标的另一目标上大造声势、大做文章，以转移敌人的注意力，让敌人产生错觉，从而神不知鬼不觉地实现原来的军事目标。这种策略的高明之处在于神不知鬼不觉，事情办成了，还不会留下任何后患。

延伸阅读

在军事上，“明修栈道，暗度陈仓”是“谋之于阴，成之于阳”的成功典范。

秦朝被推翻的时候，项羽、刘邦以及其他参加反秦战争的各路将领，齐集商议胜利以后怎样割据国土。当时势力最强的项羽企图独霸天下，他表面上主张分地封王、分配领地，心里却已开始盘算，将来怎样一个个地消灭他们。

项羽对一般将领都没有什么顾忌，唯独对刘邦很不放心，他知道刘邦是最难对付的对手。早些时候，曾经约定：谁先攻下秦都咸阳，谁就在关中为王。结果，首先进入咸阳的偏偏就是刘邦。

项羽不愿意让刘邦当“关中王”，也不愿意他回到家乡（今江苏省沛县）一带去，便故意把巴、蜀（在今四川省和重庆一带）和汉中（在今陕西省西南山区）三个郡分给刘邦，封为汉王，以汉中的南郑为都城。想这样把刘邦关进偏僻的山里去。而把关中划作三部分，分给秦朝的降将章邯、司马欣和董翳，以便阻塞刘邦向东发展的出路。

项羽自封为西楚霸王，封地九郡，占领长江中下游和淮河流域一带广大肥沃之地，以彭城（今江苏省徐州市）为都城。

刘邦的确也有独霸天下的野心，当然很不服气，其他将领对于自己所分得的更小的地盘也都不满。可是，慑于项羽的威势，大家都不敢违抗，只得听从支配，各就各位去了。刘邦也不得不暂时领兵西去，开往南郑，并且接受张良的计策，把一路走过的几百里栈道全部烧毁。栈道，是在险峻的悬崖上用木材架设的通道。烧毁栈道的目的是为了便于防御，而更重要的是为了迷惑项羽，使他以为刘邦真的不打算出来了，从而放松对刘邦的戒备。

刘邦到了南郑苦心经营，又得到逃离项羽而归附于自己的一位才能出众的军事家，那就是韩信。刘邦拜韩信为大将，请他策划向东发展、夺取天下的军事部署。

韩信的第一步计划是，先夺取关中，打开东进的大门，建立兴汉灭楚的根据地。于是派出几百名官兵去修复栈道。这时，守着关中西部的章邯听到了这个消息，不禁笑道："谁叫你们把栈道烧毁的！你们自己断绝了出路，现在又来修复，这么大的工程，只派几百个士兵，看你们哪年哪月才得完成。"因此，章邯对于刘邦和韩信的这一行动，根本没有引起重视。

可是，不久章邯便接到紧急报告，说刘邦的大军已攻入关中，陈仓（在今陕西省宝鸡市东）被占，守将被杀。章邯起初还不相信，以为是谣言，等到证实的时候，慌忙领兵抵抗，已经来不及了。章邯被逼自杀，驻守关中东部的司马欣和北部的董翳也相继投降。号称"三秦"的关中地区于是一下子被刘邦全部占领了。

原来韩信表面上派兵修复栈道，装作要从栈道出击的姿态，实际上却和刘邦统率主力部队，暗中抄小路袭击陈仓，趁章邯不备取得了胜利。这就是历史上有名的"明修栈道，暗度陈仓"。

鬼谷子说："主事日成，而人不知；主兵日胜，而人不畏也。"我们不仅要学习古人"谋之于阴，成之于阳"的策略，更要针对这个策略，学会透过层层表象，把握事物本质，尤其不能被种种假象所迷惑。我们必须意识到，作为万物之灵的人类，具有强大的自制和表演能力，如果只从事情的表象来进行判断，我们就可能误入歧途、上当受骗。

第三章　圣人独用

原文

其摩者，有以平，有以正，有以喜，有以怒，有以名，有以行，有以廉，有以信，有以利，有以卑。平者，静也；正者，直也；喜者，悦也，怒者，动也；名者，发[①]也；行者，成[②]也；廉者，洁也；信者，明也；利者，求也；卑者，谄也[③]。故圣人所独用[④]者，众人皆有之，然无成功者，其用之非也。故谋莫难于周密，说莫难于悉听，事莫难于必成，此三者，唯圣人然后能任。

注释

①发：扩大名声，这里指有声誉。②成：使其成功。③卑者，谄也：所以要谦卑，是为了谄媚（以使对方上当）。④独用：单独使用。

译文

在实施“摩意”时，有采取和平进攻的，有采取正义责难的，有采取娱乐讨好的，有采取愤怒激励的，有采取名望威吓的，有采取行为逼迫的，有采取廉洁感化的，有采取信誉说服的，有采取利益诱惑的，有采取谦卑夺取的。和平就是安静，正义就是刚直；娱乐就是高兴，愤怒就是激动，名望就是声誉，行为就是实施；廉洁就是清明，利益就是需求；谦卑就是委曲。因此，圣人所单独使用的“摩意”之术，一般人也可以具有。然而没有将其运用成功的，是因为他们的方法用错了。因此，谋划策略，最困难之处就是要谨慎周到；进行游说，最困难之处在于让对方全部听从自己的说辞；主办某事，最困难之处就是一定要成功。这三个方面，唯有成为圣人之后才能胜任。

鬼谷锦囊

要恰当地运用“摩意之术”，就需要掌握好“平正”“喜怒”“名行”“廉信”“利卑”等手段。

“平”，就是要让自己表现出心平气和且没有任何的追求和奢望，要让别人觉得一切都是那么的顺其自然、顺理成章，没有丝毫的歪理存在；

“正”，就是要让自己本身的正气体现出来，不存在任何的私心与杂念，毫不利己，专门利人，只有这样才不会引起他人的抵触与反感；

“喜”，就是做的事情要完全是对别人有益处的好事，这样才能讨得对方的欢心，而不致被拒绝；

“怒”，就是当感情交流到某一程度时，将他人不高兴的事情抖搂出来，让他怒不可遏，在对方不能自控的时候，便可以捕捉到变化的征兆了；

“名”，就是当捕捉到变化的征兆之后，就要马上制定出相应的应变策略，然后告诉他功过是非、成败利害，以观察变化征兆，最后再制定应变策略；

“行”，就是说当事情已经发展到可以实施谋略的某种程度时，就要不失时机地大胆实施；

“廉”，就是在实施谋略的过程中，要表现出完全是为了他人着想，而不是为了一己私利，要让别人自始至终都觉得自己永远是廉洁无私的；

“信”，就是要自始至终都诚实守信，言必行、行必果；

“利”，就是始终围绕“让别人获得好处”这个宗旨出发，让别人无法抗拒利益的诱惑；

“卑”，就是在别人面前要谦虚低调，不要锋芒毕露，争强好胜。

延伸阅读

以上阐述的手段，似乎众人皆知，但实施起来往往是件不易之事，如果运用不得当，则会适得其反，导致失败。

春秋时期，吴王想出兵攻打楚国。不少大臣劝阻说："目前楚国正处于强盛时期，不宜和对方交战，恳请大王三思而后行。"

此时的吴王心里只想着称霸，哪里听得进大臣们的劝谏之言，一怒之下，拔出寒光闪闪的宝剑厉声说："我既然已经决定要攻打楚国，就不会再改变主意，谁若再敢劝阻，我就把他碎尸万段！"大臣们惶恐之下便不敢再开口了。

王宫里有一位年轻的卫士，他认为此次出兵不是正义之战，贸然出兵，必然会导致失败，但面对严厉的大王，又不敢当面对他讲。经过几天的反复思索，他终于想出了一个可行的办法。

这天，这位年轻的卫士一清早就走进王宫的后花园。他手里拿着一把弹弓，转到东又转到西，就连衣服被露水打湿他也毫不在乎。

卫士的行为被吴王瞧见了，觉得很奇怪，于是就把卫士叫到跟前，问："你为什么老在花园里走来走去，把衣服都弄湿了呢？"

卫士恭恭敬敬地回答说："报告国王，我是在观察一件很有趣的事情。花园里有一棵树，树上有只蝉，它在树的高处喝着露水并且得意地鸣叫，却对藏在它身后的螳螂浑然不知，而当螳螂弯着身子，举着前爪，正准备扑上去捉蝉时，它却完全没有料到，在它的身后有一只黄雀，正悄悄地伸长脖子想去啄；而那黄雀也根本不知道我正拿着弹弓，正对着它瞄准呢！"

吴王笑道："确实很有趣。"

卫士继续说："尊敬的国王，蝉、螳螂、黄雀只想到它们眼前的利益，却没考虑到隐藏在身后的危险啊！"

吴王沉默了一会，恍然大悟：原来卫士在用寓言来巧谏，想让他停止进攻楚国。他笑笑说："你讲得很有道理。"于是攻打楚国的计划被取消了。

故事中的年轻卫士使用的"摩意"之术恰到好处，谋划策略，最重要的就是要谨慎周到，当然要完全让对方听从自己的说辞也是不易之事，因此，掌握鬼谷子老先生所说的"摩"之手段是很必要的。

在工作或生活中，我们只有善于综合运用"平正""喜怒""名行""廉信""利卑"等手段，才能真正达到"摩"的至高境界。

第四章　通晓“揣摩”的玄机

原文

故谋必欲周密，必择其所与通者说也。故曰：“或结而无隙[1]也。”夫事成必合于数，故曰：“道数与时相偶者[2]也。”说者听必合于情，故曰：“情合者必听。”故物归类[3]，抱薪趋火[4]，燥者先燃；平地注水，湿者先濡。此物类相应[5]，于势譬犹是也。此言内符之应外摩也如是，故曰：“摩之以其类，焉有不相应者?”乃摩之以其欲，焉有不听者。故曰“独行[6]之道”。夫几者[7]不晚[8]，成而不抱[9]，久而化成[10]。

注释

①无隙：紧密无间。②道数与时相偶：道数，道与术，指规律与方法。这里是说规律、方法与天时三者和谐。③物归类：事物各有自己归属的类别。④抱薪趋火：抱着柴薪，走近火堆。⑤物类相应：物以类聚，相同的事物，便会有相应的反映。⑥独行：节操高尚、独立而行。⑦几者：通晓机微。⑧不晚：不失时机。⑨成而不抱：功成而不故步自封。抱，持守，奉。⑩久而化成：时间笔芯久可以教化成功。

译文

所以说谋划一定要周到慎密，游说要选择与自己可以相通的对象。所以说：“办事情要固若金汤，无懈可击。”要想使所主持之事取得预期的效果，就必须有适当的方法。所以说：“客观规律、行动方法以及天时都是互相依附的。”进行游说的人要让对方听信，必须使自己的说辞合于情理，所以说：“合乎情理才有人听。”因此世界上万事万物都有其各自的属性。好比抱着柴草向烈火走去，干燥的柴草就首先着火燃烧；往平地倒水，低的地方就要先进水。这些现象都是与各类事物的性质相适应的。以此类推，其他事物也是这样的。这也反映“内符”与“外摩”的道理。所以说：按着事物的不同特性来实施“摩意”之术，哪有不反应的呢？根据被游说者的喜好而施行“摩意”之术，哪有不听从你游说的呢？所以说这是独行天下的法则，通晓“揣摩”玄机的人一定要耐心把握好时机，有成就也不故步自封，天长日久教化一定会成功。

鬼谷锦囊

要运用“揣摩”之术，就必须摸清对象的底细，有何特征，并顺着他的特点来附和他，探出他的真实意图，在满足对方欲望的同时达到自己的目的。懂得这些道理，寻求志同道合之人将不再困难。

世界上的万物是有类别之分的，内心正在谋划一定要将某事达到目的，就一定要同外表和语言的“类聚”“群分”相联系。因此，只要能够体现出志同道合就必能和顺他意，这时就没有不一呼百应的。也就是说，事情只要顺着他人的欲望发展，就没有不听你说的。这也是智者能够独行天下的关键所在。

延伸阅读

鬼谷子在此文中阐述了“物以类聚，人以群分”在“揣摩”之术中的重要作用。

叔孙通，薛县（今山东省滕州市）人，因有文才而被秦朝朝廷征召。陈胜起义后，秦二世征集所有儒生，商讨对策。除了叔孙通外，其他人均据实回报。秦二世把其他儒生处罚，而正式委任叔孙通为博士。叔孙通因在回答秦二世的询问时阿谀逢迎，引起了同僚的不满。叔孙通表示这样做只是为了保全自己的性命。

他随后逃亡回家乡薛县，那时薛县已被起义军占领。叔孙通先后跟随起义军领袖项梁、熊心及项羽。公元前205年，刘邦率军攻入彭城，叔孙通向汉军投降。后来项羽回来打败刘邦，叔孙通跟随刘邦回到关中。汉高祖亦委任叔孙通为博士，并赐封号“稷嗣君”。

公元前202年，刘邦打败项羽，被拥立为皇帝，是为汉高祖。当时大臣们在朝堂上经常做出失礼的行为，如饮酒争论、醉后喧哗，甚至拔剑击打宫殿的支柱。汉高祖对这种情况渐渐感到不满，叔孙通向汉高祖建议制定宫廷礼仪，得到汉高祖的同意。叔孙通到鲁国故地征召约三十名儒生到长安，协助制定及演习宫廷礼仪。一个月后，叔孙通邀请汉高祖观礼。汉高祖认为有关礼仪可行，于是命令大臣进行彩排。

公元前200年，长乐宫落成，汉高祖首次使用叔孙通制订的宫廷礼仪进行新年朝会。汉高祖对这次朝会非常满意，认为自己终于知道做皇帝的尊贵之处。他委任叔孙通为太常，并赏赐黄金五百斤。随叔孙通入京的儒生获汉高祖封为郎，另外叔孙通把赏赐所得全数分赠随行的儒生。

鬼谷子说：“说者听，必合于情；故说：情合者听。故物归类；抱薪趋火，燥者先燃；平地注水，湿者先濡；此物类相应，于势譬犹是也。此言内符之应外摩也如是，故说：摩之以其类，焉有不相应者；乃摩之以其欲，焉有不听者。”叔孙通可说把此道运用得出神入化。他降汉后，还在刘邦打天下的时候，向刘邦引荐盗贼、力士等可以在战场上不畏牺牲、勇猛杀敌之士，获得了刘邦的赏识；天下太平之后，叔孙通向汉高祖建议制礼作乐，并且推荐了知书达理的儒生。叔孙通认为：在打江山的时候，最需要勇猛善战者，到了守江山的时候，文人、儒生则最为可靠。

由此可见，要想成就某事，则一举一动必须合乎常理，所作所为必须顺理成章，这也是我们在现实生活中必须遵循的道理，只有合乎情理、顺应规律，才能取得辉煌的成就。

第九篇　权①术

凡是经过修饰的言辞，都是为了蒙蔽对方；凡要进行应酬以及答对，必须掌握伶俐的外交辞令；凡是伶俐的外交辞令，都是不实在的言论；凡是难于启齿的话，都是反面的议论。

①权：衡量。《礼记·王制》：“原父子之亲，立君臣之义，以权之。”在这里指度量权衡。

第一章　饰言，利辞

原文

说者[②]，说之也；说之者，资[③]之也。饰言[④]者，假[⑤]之也；假之者，益损[⑥]也。应对[⑦]者，利辞[⑧]也；利辞者，轻论[⑨]也。成义者[⑩]，明之也；明之者，符验也。难言[⑪]者，却论[⑫]也；却论者，钓几[⑬]也。佞言者，谄而于忠；谀言[⑭]者，博而于智；平言[⑮]者，决而于勇；戚言[⑯]者，权而于言；静言[⑰]者，反而于胜。先意承欲者，谄也；繁称文辞者，博也；策选进谋者，权也。纵舍[⑱]不疑者，决也；先分不足[⑲]而窒非[⑳]者，反也。

注释

②说者：游说的人。③资：供给，资助。④饰言：有修饰的语言，也就是很好听的话。⑤假：借，引申为凭借、借助。⑥益损：增减。⑦应对：应酬、答对。⑧利辞：伶俐的言辞。⑨轻论：轻浮、不庄重的言论。⑩成义者：建立信义的言辞。⑪难言：指责对方的言辞。⑫却论：反面的议论。⑬钓几：诱导对方心中所隐藏的机微之事。⑭谀言：谄媚，用虚心假意之词奉承人。⑮平言：平庸之言。⑯戚言：面带忧色的言辞。⑰静言：心平气和时的言辞。⑱纵舍：舍弃、放弃。⑲先分不足：自己先天有所不足之处。⑳窒非：责备他人的过错。

译文

“游说”的人，就是为了说服别人；要能说服别人，就要给予人帮助。凡是经过修饰的言辞，都是为了蒙蔽对方，想要蒙蔽对方，就要让他知道成败利害关系，凡要进行应酬以及答对，必须掌握伶俐的外交辞令。凡是伶俐的外交辞令，都是不实在的言论。要树立起信誉，就要光明正大，光明正大就是为了让人检验复核。凡是难以启齿的话，都是反面的议论，凡是反面的议论，都是诱导对方秘密的说辞。说奸佞话的人，由于会谄媚，反而变成“忠厚”；说阿谀话的人，由于会吹嘘，反而变成“智慧”；说平庸话的人，由于果决，反而变成了“勇敢”；说忧伤话的人，由于善权衡，反而变成“守信”；说平静话的人，由于习惯逆向思维，反而变成“胜利”。为实现自己的意图而应和他人欲望的，就是谄媚；用华丽的辞藻去奉承他人，就是吹嘘；按照他人的喜好而进献计谋的人，就是玩权术；即使有所牺牲也不动摇的，就是有决心；能揭示缺陷，敢于责难过失的就是敢反抗。

鬼谷锦囊

此文重在阐述游说的各种语言技巧及判断各种说辞的方法。“说者，说之也”就是通过表达自己的意见来说服对方，而要说服对方没有吸引力是不行的，那么，怎么才能让自己的说辞具有吸引力呢？这就需要言辞中能让别人觉得有“好处”可寻，有见识可长，或者有别人想要得到的利益，等等，只有这样，别人才会洗耳恭听。

既然要游说，就要掌握一定的技巧。语言流畅，引人入胜，迎合对方的心理，就需要对表述的语言进行一定的修饰，让语言变得有逻辑、有条理，不仅能吸引别人的注意力，还能巧妙地隐蔽自己的意图。

延伸阅读

有人得罪齐景公，景公非常生气，命人把此人绑在大殿，准备处以分尸的极刑，并且说如果有人胆敢劝阻，一律格杀勿论。晏子（即晏婴）左手抓着人犯的头，右手拿着刀，抬头问汉景公：“古时圣王明君肢解人犯时，不知先从人犯的哪个部位下刀？”汉景公立刻站起身说：“放了他吧，这是寡人的错。”

晏婴没有直接劝谏齐景公，而是以一句“古时圣王明君肢解人犯时，不知先从人犯的哪个部位下刀”来进行旁敲侧击，隐喻齐景公要做一个有道明君。这种经过修饰的语言，不仅起到了劝谏的效果，而且又不伤君主的威严，晏婴可算得上是一位高明的语言专家了。

其实，当今的推销行业是和劝说之道分不开的，推销无非是劝谏客户接受自己的商品或服务。孔子说过：“言不顺，则事不成。”在销售行业中，如何与客户有效地交谈是一项很重要的商业技能，这就需要借鉴古代智者的劝谏之道。

客户是上帝，甚至是被宠坏的上帝，在与客户交谈时，注意说话的策略就显得尤为重要，因为你的每一句话都会使客户产生不同的心理反应。要让别人知道，自己所说的每一句话都是禁得起推敲和验证的，都是一心一意为了“他好”，经过不动声色的诱发“变化”、引导“变化”来朝着对我们有利的方向发展，从而最终达到预期的目的。

第二章 三者呼应，利道而动

原文

故口者，机关也[①]，所以关闭情意也。耳目者，心之佐助[②]也，所以窥间奸邪[③]。故曰："参[④]调而应，利道[⑤]而动。"故繁言而不乱，翱翔[⑥]而不迷，变易而不危者，观要得理。

注释

①口者，机关也：嘴好像是机器开关。②耳目者，心之佐助也：耳目是帮助心汇集情报的助手。③奸邪：奸，恶；邪，不正。④参：同"三"。指心、眼、耳三种器官。⑤利道：有利的途径。⑥翱翔：翱是鸟在高空上下飞舞的姿势，翔是鹞鹰等在高空中展翅划圆飞舞的姿态。

译文

人的嘴是关键，是用来打开与关闭感情以及心意的。耳朵与眼睛是心灵的辅佐以及助手，是用来侦察奸邪的器官。只要心、眼、耳三者协调呼应，就能沿着有利的轨道运动。使用一些烦琐的语言也不可能发生混乱；自由驰骋地议论也不会迷失方向；改变议论主题也不会发生失利的危险。这就是因为看清了事物的要领，把握了事物的规律。

鬼谷锦囊

"故口者，机关也，所以关闭情意也。""嘴"是关闭情意的机关，若自己不讲，别人就无从知晓。在讲的过程中既不能暴露自己的内心世界，又要取得他人的信任，这就需要选择恰当的时机，在揣测出他人内心世界的前提下，才能取得好的效果。

人都希望自己能够变得更加强大，这是人类本性的渴望与追求。这需要我们耳、目、口三者相互协调，对身处的环境进行全面、系统的把握，唯有如此，方能让自己立于不败之地。

延伸阅读

在纷繁复杂的环境中，耳、目、口需要相互协调、各任其职，要有计划、有步骤地完成各自的使命，时刻保持清醒的头脑，擦亮自己的眼睛，才不致扰乱方寸、迷失方向。

张仪是魏国人，曾经师从鬼谷子，学习纵横游学。张仪学业期满，回到魏国，因为家境贫寒，求事于魏惠王不得，远去楚国，投奔在楚相国昭阳门下。

昭阳率兵大败魏国，楚威王大喜，把国宝“和氏壁”奖赏给了昭阳。一日，昭阳与其百余名门客出游，饮酒作乐之余，昭阳得意地拿出“和氏壁”给大家欣赏，传来传去，最后“和氏壁”竟不翼而飞，大家认为，张仪贫困，是他拿走了“和氏壁”。张仪原本没拿，就是不承认，昭阳严刑逼供，张仪被打得遍体鳞伤，始终不承认，昭阳怕出人命，只得放了他。

楚相国昭阳有口、有耳也有目，但他却没有让三者做到相互协调、各任其职，在不进行丝毫调查的情况下，错误地将“和氏璧”的失踪归罪于贫困的张仪，而让张仪饱受皮肉之苦。这是典型的不善于“参调而应”的表现。

第三章　言有讳忌

原文

故无目者不可示以五色。无耳者，不可告以五音[①]。故不可以往者，无所开之也；不可以来者，无所受之也。物有不通者，故不事[②]也。古人有言曰："口可以食，不可以言。"言有讳忌也。"众口烁金[③]"，言有曲故也。

注释

①五音：又叫"五声"。古乐五声音阶的五个阶名：宫、商、角、徵(zhǐ)、羽。②不事：不侍奉、不做。③众口烁金：比喻流言蜚语作用之大；烁，同"铄"，熔化。

译文

没有视力的人，没有办法向他展示五彩颜色；没有听力的人，没有办法跟他讲音乐上的感受。不该去的地方，是那里没有能开导的对象；不该来的地方，是因为这里没有可以接受你游说的人。有些事情是行不通的，所以不要做这些事。古人有这样的说法："口可以用来吃饭，但不能用它讲话。"因为说话容易犯忌。"众人的口可以熔化金属"，这是说凡是言论都有复杂的背景以及深厚的原因。

鬼谷锦囊

“口可以食，不可以言。言有讳忌也”，古人认为：口可以用来吃饭，但不能用它讲话，这因为语言中存在许多别人忌讳的东西，言多必失。对看不明白者不能强迫其看；听不明白者，不能强行让其听。不同意你观点的人，不要贸然说服，没有开窍的地方更加不可前去游说。把握适当的时机，选取合适的地方，才不致让自己陷入被动的境地。

延伸阅读

在古代，和君主说话，必须格外小心，尤其不能提及君主有所忌讳的事情，否则可能招致杀身之祸。

朱元璋是明朝的开国皇帝，他出身贫寒，早年当过和尚，后来登位做了皇帝，他便忌讳人家再提这件事。结果很多人竟因无意中触到明太祖当和尚的“隐私”，而遭受横祸。

文人李仕鲁，因谏太祖惑于僧言，朱元璋便命武士把他摔死于阶下。朝臣陶凯，因为取了一个别号“耐久道人”，犯忌被杀。杭州教授徐一夔，上贺表拍朱元璋的马屁，文中有“光天之下，天生圣人，为世作则”等语，朱元璋看了大怒说：“生者僧也，讥我尝为僧也，光者薙发也，则字音近贼也。”徐遂被杀。僧人来复谢恩诗中说：“殊域及自惭，无德颂陶唐。”朱元璋看了后说道：“汝用殊字是谓我为歹朱也，又言无德颂陶唐，是谓我无德虽欲以陶唐颂我而不能也。”遂被斩。

说话是一门大学问。谈别人的忌讳是说话的最大忌讳，不仅和君王说话如此，和任何人说话都是如此。尤其是职场中人，更要注意说话的禁忌。

办公室是一个充满原则、纪律，讲求策略的场合，更是一个充满利益冲突的是非之所。所以，在办公室说话有很多禁忌。

（1）说话别揭人“短儿”；

（2）与领导有分歧，切忌实话实说；

（3）抱怨上司是非的话，不要轻易出口；

（4）关于上司私生活的话，切忌说出口。

第四章　从其所长，避其所短

原文

人之情，出言则欲听，举事[1]则欲成。是故智者不用其所短，而用愚人之所长；不用其所拙，而用愚人之所巧，故不困也。言其有利者，从其所长也；言其有害者，避其所短也。故介虫[2]之捍也，必以坚厚。螫虫之动也，必以毒螫。故禽兽知用其所长，而谈者知用其用也。

注释

①举事：做事情。②介虫：介，甲或盔甲。介虫是带有甲壳的昆虫。

译文

人之常情是，说话就希望别人听从，做事情就希望成功。所以聪明的人不用自己的短处，而愿意用愚人的长处；不用自己笨拙，而愿意用愚人的技巧，因此才不致陷于困境。说到别人有利的地方，就要顺从他的所长；说到别人的短处，就要避开他的所短。甲虫自卫时，一定是依靠坚硬以及厚实的甲壳；螫虫的攻击，一定会用它的毒针去蜇对手。所以说，连禽兽都知道用其所长，游说者也应该知道运用其所该运用的一切手段。

鬼谷锦囊

在现实生活中我们也需懂得取长补短的道理。面对困难，在智者面前不要谦卑更不要妒忌，要通过对他人长处的学习来弥补自己短处的不足，扬他人之长，避自己之短，这样才能让自己不断成长、不断进步。对于自己的才能也不要过分骄傲，要清楚“人外有人，天外有天”“一山更比一山高”的道理。人生有限，学海无涯，只有不断学习进取，适时扬长避短，才能在激烈的竞争中站稳脚跟，立于不败之地。

延伸阅读

“尺有所短，寸有所长”“人外有人，天外有天”。圣人之所以成功的原因并不在于其自身的能力有多高，只因他们善于聚集拥有不同才能之人，集合并发挥各方人才的优势，做到取长补短；而真正具有大智慧的人也懂得如何去利用他人的长处来弥补自身短处的不足。

楚国有一位名叫子发的将领，他对拥有一技之长的人非常留意，并善于利用这些人的长处来为自己服务。

楚国一位擅长偷窃的人听说了此事，便前去投靠子发。小偷对子发说：“听说您愿意重用拥有才能之人，我虽只是个小偷，以前不务正业，如果您能收留我，我愿为您当差，以我的技艺为您效劳。”

子发听了小偷的话，又见他满脸诚意，很是高兴，连忙从座位上起身，对小偷以礼相待，竟连腰带也顾不上系紧，帽子也来不及戴端正。小偷见子发如此真心，顿时受宠若惊。

子发手下的官员、侍从们见状，纷纷劝谏说：“小偷是天下的盗贼，为人们所不齿，您怎么对他如此尊重？”

子发摆摆手道：“你们一时难以理解情有可原，我之所以这样做必有其原因，日后你们就会明白的。”

适逢齐国兴兵攻打楚国，楚王派子发率军队前去迎战齐兵。结果，连续交锋三次，楚军都以败阵收尾。

军帐内，子发召集大小将领共同商议击退齐兵的策略，将领们反复思量，想了好多计策，可是仍然一筹莫展。

那个小偷见目前的形势急剧紧张，便来到帐前求见，主动请缨。小偷说：“我有办法击退齐兵，请容我一试。”子发同意了。

夜间，小偷悄悄溜进齐军营内，神不知鬼不觉地将齐将首领的帷帐偷了出来，回到楚营交给子发。之后子发派了一名使者将帷帐送还齐营，并对齐军说：“我们有一个士兵出去砍柴，得到了将军的帷帐，现特前来送还。”齐兵面面相觑，目瞪口呆。

第二天，小偷又潜进齐营，取回齐军首领的枕头。子发又派人将枕头送还。

第三天，小偷再次进了齐营，取回齐军首领的头发簪子。子发第三次派人将簪子送还。这一回，齐军首领惊恐万分，不知所措。齐军营中更是议论纷纷，各级将领大为惊骇。

于是，齐军首领只得召集军中将士们商议对策。首领对众将士说：“如果今天再不退兵，楚军下次来取的恐怕就是我的人头了!”将士们无言以对，首领立即下令撤军。

齐军终于退兵而走。楚军营内对那个立功的小偷大大嘉奖，众将士更是对子发的用人之道佩服得五体投地。

小偷原本为众人所不齿，应该绳之以法，但是他能够改邪归正，将自身的长处用到可行之处，最终成就了一番事业。正是楚将子发的宽宏大量，小偷对此感动不已，并发挥自己的一技之长击退了齐军，立下了大功。子发的善于用人，取长补短，赢得了众将士的称赞，这正是“从其所长，避其所短”的体现。

第五章 辞令的五种情态

原文

故曰："辞言五，曰病、曰恐、曰忧、曰怒、曰喜。"病者，感衰气而不神也；恐者，肠绝而无主也；忧者，闭塞而不泄也；怒者，妄动而不治也；喜者，宣散而无要也。此五者，精则用之，利则行之。故与智者言，依于博[①]；与博者言；依于辨，与辨[②]者言，依于要[③]；与贵者言，依于势；与富者言，依于豪[④]；与贫者言，依于利；与贱者言，依于谦；与勇者言，依于敢[⑤]；与愚者言，依于锐。此其术也，而人常反之。是故与智者言，将此以明之；与不智者言，将此以教之；而甚难为也。故言多类，事多变，故终日言，不失其类，故事不乱。终日变，而不失其主，故智贵不妄。听贵聪，智贵明，辞贵奇[⑥]。

注释

①博：博学多闻。②辨：同"辩"。辩论，雄辩。③要：扼要。④豪：立足点高。⑤敢：勇猛的气概。⑥听贵聪，智贵明，辞贵奇：聪，听觉灵敏；明，明白，清楚；辞，言辞；奇，出人意料，变幻莫测。

译文

因此，游说辞令有五种，即病、恐、忧、怒、喜。病，是指底气不足，没有精神；恐，是指极度伤心，没有主意；忧，是指闭塞压抑，无法渲泄；怒，是指狂燥妄动，不能自制；喜，是指任意发挥，没有重点。以上五种游说辞令，精通之后就可以运用，对自已有利时就可以实行。因此和聪明的人谈话，就要依靠广博的知识；和知识广博的人谈话，就要依靠雄辩；和善辩的人谈话要依靠简明扼要；和地位显赫的人谈话，就要依靠宏大的气势；和富有的人谈话，就要依靠高屋建瓴；和贫穷的人谈话，就要以利益相诱惑；和卑贱的人谈话，要依靠谦敬；和勇猛的人谈话，要依靠果敢；和愚昧的人谈话，要依靠敏锐。所有这些都是游说的方法，而人们的作为经常和此相反。和聪明的人谈话就要让他明白这些方法，和不聪明的人谈话，就要把这些方法教给他，而这样做是很困难的。游说辞令有许多类，所说之事又随时变化。如果整天游说，能不脱离原则，事情就不出乱子。如果一天从早到晚不变更方向，就不会违背宗旨。所以最重要的是不妄加评论。对于听觉来说，最宝贵的是清楚，对于思维来说，最宝贵的是是非分明；对于言辞来说，最宝贵的是出奇制胜。

鬼谷锦囊

能言善辩并不等于油嘴滑舌，在这个飞速发展的社会里，人不可能孤立群体而存于某地，这时人际交往就成了一种必然性，语言就成了不可或缺的交际工具。要引起双方的共鸣，拉近彼此之间的距离，能言善辩的素质就显得尤为重要。在现实生活中，一个能言善辩、善于辞令的人，不仅可以获得他人的尊重，更有助于不断提高自身的价值。

延伸阅读

文中阐述了辞令的五种情态以及各自不同场合的用法。

同智者交谈时，要体现出自己的博学。同博学者交谈时，要体现出自己能言善辩，同善辩者交谈，要表现出相应的逻辑与条理。同地位显赫的人交谈时，要表现得气宇轩昂、风度翩翩。同贫困或者卑贱的人交谈时，不要让对方感觉自己气势压人、高人一等；在勇敢者面前要体现出自己的机智果敢，让对方感觉自己同样是一个很有魄力的人。

在日常的人际交往中，辞令的五种情态随处可见，如果我们能够恰当地利用它们各自不同的性质，采取不同的策略加以应对，对症下药，事情的成功就变得容易多了。

一天，孔子一行人来到一个村庄，在树荫下休息，正准备拿出食物填饱肚子时，不料，孔子的马挣脱了缰绳，跑到庄稼地里吃人家的麦苗去了。农夫见状，几步上前就抓住马嚼子，强行将马扣了下来了。

子贡是孔子的得意门生，一贯能言善辩。他凭着自己不凡的口才，自告奋勇地上前去，企图说服扣马的农夫，争取和解。可是，子贡说话文绉绉，满口之乎者也，大道理更是讲了一串又一串，尽管费尽口舌，可农夫根本就听不进去。

有一位刚刚跟随孔子不久的新学生，论学识、才干远不及子贡。当他看到子贡与农夫僵持不下的情景时，便对孔子说："老师，请让我去试试看。"

于是他走到农夫面前，笑着对农夫说："你并不是在遥远的东海种田，我们也不是在遥远的西海耕地，我们彼此靠得很近，相隔不远，我的马怎么可能不吃你的庄稼呢？再说了，说不定哪天你的牛也会跑到我的庄稼地里吃掉我的庄稼呢，你说是不是？我们该彼此谅解才是。"

农夫听了这番话，觉得很在理，于是就将马还给了孔子。旁边几个农夫也互相议论说："像这样说话才算有口才，哪像刚才那个人，说话真是不中听。"

"是故与智者言，将此以明之；与不智者言，将此以教之。"这则故事就是要告诉我们，说话交谈必须看对象、认场合，否则，即使你再能言善辩，别人也不会买你的账。

第六章 量 权[1]

原文

古之善用[2]天下者，必量天下[3]之权，而揣诸侯之情。量权[4]不审，不知强弱轻重之称[5]；揣情不审，不知隐匿变化之动静。何谓量权？曰："度于大小，谋于众寡。称货财有无之数，料人民多少、饶乏，有余不足几何？辨地形之险易孰利孰害？谋虑孰长孰短？君臣之亲疏，孰贤孰不肖？与宾客之知睿孰少孰多？观天时[6]之祸福孰吉孰凶？诸侯之亲孰用孰不用？百姓之心去就变化，孰安孰危？孰好孰憎？反侧孰便孰知？"如此者，是谓量权。

注释

①权：衡量。《礼记·王制》："原父子之亲，立君臣之义，以权之。"在这里指度量权衡。②善用：善于使用，这里指善于统治。③天下：古人以为地在天的下方，故称地为天下。④量权：度量、权衡。⑤称：又作秤，天平。⑥天时：天赐的时机。

译文

古代善于统治天下的人，必然首先衡量天下各种力量的轻重，揣摩诸侯的实情。如果不认真分析天下的真实权能，就不可能了解诸侯力量的强弱虚实；如果揣摩诸侯的实情不够全面，就不可能掌握事物隐秘变化的征兆。什么是"量权"？答案是："测量尺寸大小，谋划数量多少。称验财货有无，估量人口多少、贫富，什么有余什么不足，以及达到了什么样的程度；分辨地形险易，哪里有利，哪里有害；判断各方的谋虑谁长谁短，分析君臣亲疏关系，谁贤谁奸，考核谋士的智慧，谁多谁少；观察天时的吉凶，什么时候吉、什么时候凶；比较与诸侯之间的联系谁可以利用、谁不可以利用；检测民心离叛或亲附的变化，哪里安定哪里危险，爱好什么憎恶什么；预测反叛事，在哪里最容易发生，哪些人能知道内情。”能够做到前面叙述的这些，就是所谓的“量权”。

鬼谷锦囊

善于掌控天下的人，都会事先衡量各自的力量悬殊，掌握真实情况，同时还会进一步审视其变化，以便掌握一些隐秘的内情，从而判断出表面现象中的内在本质。

作为一名领导者，必须对周围的人进行考察，检验他们的智慧谋略，考核他们的办事效率，并对他们的品行、才能及优缺点进行比较，最后将其分类，谁贤谁奸、谁智谁愚、谁勇谁懦等便清晰明了了，成功也就指日可待了。

延伸阅读

“量权不审，不知强弱轻重之称；揣情不审，不知隐匿变化之动静。”如果不对各诸侯国的权能进行分析，就无从获悉各自力量的悬殊情况；分析了但却不全面，就不能知晓事物隐秘变化的征兆。此时，“量权”有着不可估量的作用。

《三国演义》中曹军中有个名叫蒋干的人，与东吴都督周瑜是旧交，于是向曹操请求去东吴刺探军情。

蒋干来到吴营，周瑜察知其来意，便伪造了一封曹操水军统帅蔡瑁、张允的投降信，信中声言：“不久我等将献上曹操的脑袋。”蒋干当即偷了这封假信，不辞而去。曹操见信，极为愤怒，竟然在毫无查证的情况下将蔡瑁、张允杀害。

曹军大多为北方人，不惯乘船，渡江中战船摇荡不定，不少将士也因此得了病，而熟知水战的蔡瑁、张允一死，则更难训练水师了，后来曹操才察觉到这正是中了周瑜的反间计，后悔莫及，悲痛不已。

周瑜又派庞统假意暗投曹操。庞统向曹操“献计”道：“把战船每30只至50只用铁环连锁成排，如此一来，不惯乘船的北方士兵就不怕水上颠簸了。”而曹操觉得，假如敌人采取火攻，那就无法躲避了。

庞统说：“用火攻须凭借风力，现在正是严冬腊月，就算刮起风来，十之八九也是西北风，而咱们在北岸，东吴在南岸，他们用火攻，岂不是自己烧自己吗?”

曹操中了庞统的连环计，将战船用铁锁连接起来。但由于没有内应，孙刘联军便无法接近曹操的船只放火。

周瑜又用黄盖上演“苦肉计”，最终将曹操的连环船烧成一片火海。

周瑜和诸葛亮用一把火烧掉曹操连营，其制胜的关键就在于其准确“量权”，这正是符合了鬼谷子说的“古之善用天下者，必量天下之权，而揣诸侯之情”。不光在古代的用兵之道中讲究量权，在现实生活中也应该重视量权的重要作用。当你需要为某事进行抉择时，一定要避免情绪化，不骄不躁，对事情进行深入的思考和衡量，以免造成不必要的损失。

第十篇 谋术

筹划计谋的人都要遵循一定的法则，先是要弄清事情的缘由，通过研究事情的原委，来确定“三仪”，三者互相渗透，就可以从中悟出出奇制胜的办法，而奇计是所向无敌的，从古至今都是如此。

第一章 三 仪

原文

为人凡谋[1]有道，必得其所因，以求其情[2]。审得其情，乃立三仪[3]。三仪者曰上、曰中、曰下，参以立焉，以生奇[4]。奇不知其所拥，始于古之所从[5]。故郑人之取玉也，必载司南之车[6]，为其不惑也。夫度材、量能、揣情者，亦事之司南也。故同情而俱相亲者，其俱成者也。同欲而相疏者，其偏成者也；同恶而相亲者，其俱害者也；同恶而相疏者，其偏害者也[7]。故相益则亲，相损则疏，其数行也[8]；此所以察同异之分，其类一也[9]。故墙坏于其隙，木毁于其节，斯盖其分也。故变生事，事生谋、谋生计、计生议、议生说、说生进、进生退、退生制，因以制于事。故百事一道，而百度一数[10]也。

注释

①谋：策划。这里主要指谋划说服人的策略。②得其所因，以求其情：要调查对方的心理状态，就要掌握这个人的本性。因，依靠，凭借；情，实情，情形。③三仪：指天、地、人，天在上，地在下，人居中。借用天、地、人三仪，指上智、中才，下愚。④参以立焉，以生奇：三仪互相渗透，就可谋划出卓越的策略。⑤始于古之所从：自古以来就人人遵行。⑥司南之车：中国古代发明的一种装有磁石的车。常指南方，以此为基准作行军时的向导。⑦同恶而相疏者，其偏害者也：假如二人有同样恶习，而关系疏远，只能是单方受害。⑧故相益则亲，相损则疏，其数行也：相益，互相有利；相损，

互相损害；数，法则，道理。⑨以察同异之分，其类一也：根据这个来判断异同，道理是一样的。⑩一数：一定的数。

译文

凡是筹划计谋的人都要遵循一定的法则，一定要弄清缘由，以便推测出事情的真实情况。通过研究事情的原委，来确定“三仪”。“三仪”就是上、中、下。三者互相渗透，就可以从中悟出出奇制胜的办法，而奇计是所向无敌的，从古到今都是如此。所以郑国人入山采玉时，都要带上指南针，是为了不迷失方向。忖度才干、估量能力、揣度情理，也可以借鉴指南针。所以凡是感情相同而又互相亲密的人，可以相互学习，共同成功；凡是欲望相同而关系疏远的，必然有一部分人受到伤害；凡是恶习相同而关系又密切的，因为目标相同必然一同受害；凡是恶习相同而关系疏远的，一定是部分人先受到损害。所以，如果能互相带来利益，就可以和睦相处；如果相互牵连地造成损害，就会疏远关系。这都是有定数的事情，也是所以要考察异同的原因，凡是这类事情都是一样的道理。墙壁通常因为有裂缝才倒塌，树木通常因为有节疤而折毁。因此，事情变化的产生都由于事物自身的渐变引起的，而事物又生于谋略，谋略生于计划，计划生于议论，议论生于游说，游说生于进取，进取生于退却，退却生于控制，事物由此得以控制。可见各种事物的道理是一致的，不论反复多少次也都是有定数的。

鬼谷锦囊

“凡谋有道，必得其所因，以求其情。审得其情，乃立三仪。”意思是说凡是筹划计谋都要遵循一定的法则。一定找准事情的突破口，以便推测出事情的真实情况。在制定谋略时，要洞悉事情发生及发展的原委，制定出三种谋略方案，然后根据“一切从实际出发”“具体情况具体分析”的原则来确定最切实可行的应变对策，想出出奇制胜的绝招。

延伸阅读

齐湣王是个骄傲且喜欢享乐的人，因此人民的生活苦不堪言。于是作为齐国邻居的燕国便派大将联合另外几个国家一同进攻齐国。齐国百姓对齐湣王痛恨交加，因此在敌军面前根本无心抗敌，士气也非常低落，结果大败。但他们看到燕兵奸淫掳掠，想到国仇家恨，心里非常难过，于是逃往莒城和即墨，誓死抵抗。

燕军攻打多年，没将莒城攻下，只好转攻即墨城。即墨城中的守军得知田单是位足智多谋的勇士，也很擅于攻略，于是就将其推举为守城的大将军。聪明的田单想出了一个叫“火牛阵”的新计谋，他先叫城内的商人，拿着金银珠宝偷偷送到燕军将领手中，并且让他们假装投降，说：“即墨城的守军兵力不足，即将投降，这些珠宝献给你们，请求大人您入城之后莫杀我们！”燕军一听，以为即墨城里已经准备投降，高兴之余放松了警戒。

这时田单从城里集齐1000多头牛，并且将牛都披上五彩龙纹衣，双角绑尖刀，尾巴上绑草。当黑夜来临时，他一声令下，部属们立即点燃牛尾巴上的草，牛被火烫到之后，就拼命往前跑。燕军从睡梦中惊醒，看到这一大群五彩怪兽，吓得惊慌失措，四处乱窜，不是死于牛脚之下就是葬于乱箭之中。之后田单又乘胜追击，最后收复了被燕军占领的七十多座城邑。

大将田单采取“火牛阵”这样的奇计来打败敌人，真可谓出奇制胜。如今，出奇制胜的手法成了人们创业途中的必备招数。但在出奇制胜的过程中千万不能忽视“奇”的根基，否则容易招致他人的反感。

出奇制胜的战术，就是要想别人所不想，为他人所不为。倘若我们绞尽脑汁也想不出出奇制胜的策略时，不妨从古人那里取取经，只要从实际出发，沉着应变，具体问题具体分析，敢想敢做，出奇制胜也并不是难事。

第二章　三　才

原文

夫仁人轻货[①]，不可诱以利，可使出费；勇士轻难，不可惧以患，可使据危；智者达于数、明于理，不可欺以诚，可示以道理，可使立功；是三才[②]也。故愚者易蔽也，不肖者易惧也，贪者易诱也，是因事而裁之[③]。故为强者，积于弱也；为直者，积于曲；有余者，积于不足也。此其道术行也。

注释

①夫仁人轻货：有德行的人轻视财货。②三才：指仁人、勇士、智者三种人才。③因事而裁之：根据具体情况做出判断和进行巧妙的裁夺。

译文

那些仁人志士轻视钱财，所以不能用金钱来诱惑他们，反而可以让他们捐出资财；勇敢的壮士轻视危难，所以不能以威胁来恐吓他们，反而可以让他们镇守危地；一个有智慧的人，通达礼教，明于事理，不可假装诚信去欺骗他们，反而可以给他们讲清事理，让他们建功立业。这就是所谓仁人、勇士、智者的“三才”。因此说，愚蠢的人容易被蒙蔽，不诚实的人容易被恐吓，贪图便宜的人容易被诱惑，所有这些都要根据不同的情况采取不同的措施。所以强大是由微弱积累而成；直壮是由弯曲纠正而成；有余是由不足积累而成。这就是因为“道数”得到了实行。

鬼谷锦囊

世界上有三种人才，即仁者、勇士、智者。仁者重视理想与信念，轻视财富与地位，即使是最具诱惑的利益摆在他们面前，他们也不为所动；勇士有着百折不挠的信念和坚忍不拔的意志，不会轻易被外来的压力和威胁所恐吓，即使是最具危险的事情他们也能如期完成；智者有着极强的逻辑思维，他们甚至一眼就能看穿事物的本质，如果对其晓以大义，必能立下盖世奇功。

延伸阅读

卜式以耕田畜牧为业。他有一个年幼的弟弟，在弟弟长大成人时，卜式就从家里搬了出来，只要了家中畜养的一百多头羊，田宅房屋等全留给了弟弟。卜式进山牧羊，十年过后，羊达到一千多头，于是给自己买了一套宅舍和相应的田地。而他的弟弟因出手大方又不务正业，最终将家中财产挥霍得一干二净，宅心仁厚的卜式多次把自己的家产分给弟弟。

当时汉朝正在征伐匈奴，卜式上书，说愿意捐献一半家产资助边防。汉武帝派使者问卜式：“你这么做是想做官吗？”卜式说：“我从小放羊，不熟悉做官的事，不想做官。”使者问道：“莫非是家中有冤屈，想要申诉冤情？”卜式说：“我生来与人无争，同乡的人中贫穷的，我救济他；品行不好的，我劝导他；我所住的地方，人们都听从我卜式，我怎么会被人冤屈！皇上讨伐匈奴，我认为贤能的人应该效死以保其节义，有钱财的人应该捐献钱财，这样，匈奴就可以消灭了。”

使者把他的话报告给了汉武帝。汉武帝又把卜式的话告诉丞相公孙弘。丞相孙弘说：“这不是人之常情。这种不守法度的人，不可以作为教化的榜样而扰乱正常的法规，希望陛下不要答应他的请求。”于是卜式的上书因此搁置，过了几年，才将他打发回去。卜式回到家中，依旧耕田放牧。

过了一年多，匈奴浑邪王等人前来投降，朝廷因此花费很大，仓廪府库很快就空了，贫民大量迁徙，大都靠着朝廷给养，而朝廷已经没有能力来全部供养了。这时卜式又出资二十万给河南太守，用来接济那些迁徙的百姓。河南太守上报富人助济贫人的名册，汉武帝看到卜式的姓名时，说道："这原是以前想要捐献一半家产资助边防的那个人。"当时，富豪（为了逃税）争相隐匿家产，唯有卜式想要资助边防费用。

汉武帝认为卜式是一位性情仁厚之人，于是要求召见卜式并将他封官为中郎，赐爵为左庶长，田十顷，并布告天下，使他尊贵显荣，用来教化百姓。

起初，卜式不愿做官。汉武帝说："我有羊在上林苑中，想让你去牧养它们。"卜式这才答应。一年多后，羊不仅长得肥壮，而且大量繁殖。

汉武帝路过他的放羊之处时，对他大加称赞。

卜式说："让它们按时起居，凶恶的就立即除掉，不让它为害一群。其实不仅放羊如此，治理百姓也是同样的道理。"

他的话让汉武帝为之一惊，产生了想让他治理百姓的念头。于是封他为缑氏县令。任职期间，缑氏人都安于他的治理。随后又将他调为成皋县令，期间他办理漕运的政绩也是最好的。汉武帝认为卜式为人朴实忠厚，于是封他做齐王太傅，后来又封为丞相。

适逢南越丞相吕嘉反汉，卜式上书说："我父子愿意与齐国善于射箭操船的人一起到南越决一死战，以尽为臣的节义。"汉武帝认为卜式贤良，下诏说："如今天下不幸发生了战事，郡县诸侯没有依正直之道奋起的。齐国丞相卜式其行雅正，亲事耕种，不为利益所惑。过去，北方发生了战事，他曾上书要捐献家产帮助官府保卫边疆；现在又首先站出来，虽然没有参加战斗，可以说他的义是从内心里表现出来的。"于是，封卜式为御史大夫。

卜式轻视财富与地位，丝毫不为利益所获，是典型的仁人志士；在他的治理下，百姓安居乐业，政绩显赫，是一名不可多得的智者；吕嘉反汉之际，卜式又自告奋勇前去平乱，可称得上一位勇者。

既然有仁者、勇士、智者三种人才，就有相应的三种人渣，即：

愚蠢的人、不诚实的人、贪婪的人。愚蠢的人不懂得深思熟虑，往往人云亦云，因此是最容易被蒙蔽的；不诚实的人满口谎言，经常违背自己的良心做事，又担心事情会败露，因此他们也会显得异常胆怯；贪婪的人贪得无厌，往往会在利益面前禁不起诱惑而乱了阵脚。

一位农夫和一个商人在一片狼藉中寻找财物，他们发现一大堆完好的羊毛，于是两个人平分之后扛在肩上。后来，他们又发现了很多布匹，农夫将沉重的羊毛卸掉，挑了些较好的便于自己扛动的布匹，而贪婪的商人则将农夫丢下的羊毛和剩余的布匹都捡起来压在肩头，太过沉重的压力使得他气喘吁吁，行动缓慢。又走了一段路，他们又发现了很多贵重的银质餐具，农夫将布匹都丢掉，拣了一些较好的银器背上，轻快地回家了，而商人却因为背负了太多的羊毛和布匹，再也无法弯下腰继续捡银器了。

天公不作美，途中竟然下起了大雨，商人背上的羊毛和布匹被淋湿变得更加沉重了。他精疲力尽，又冷又饿，最后摔倒在又湿又滑的路上。而早就回到家中的农夫，将银器变卖以后，生活变得渐渐富足起来。

商人很贪婪，同时也很愚蠢，他的结局完全是贪心不足所致。在现实生活中，切忌不可仿效这位贪婪的商人，正因为他的贪婪，见什么要什么，最终只能落得个空手而归的下场。相反，农夫的选择是明智的，正因为自己的敢于舍弃，才能使自己过上富裕的生活。这足以说明舍弃并不意味着失去。

在现实生活中，只有管理好自己的欲望，控制自己的贪婪，不过分计较得失的多少，才能在人生旅途中获得真正的幸福和快乐！

第三章 计谋之用

原文

故外亲而内疏者说内，内亲而外疏者说外。故因其疑以变之①，因其见以然之②，因其说以要之③，因其势以成之，因其恶以权之，因其患以斥之。摩而恐④之，高而动之，微⑤而证之，符⑥而应之，拥⑦而塞之，乱而惑之，是谓计谋。计谋之用，公不如私⑧，私不如结⑨；结而无隙者也。正不如奇⑩，奇流而不止者也。故说人主⑪者，必与之言奇；说人臣⑫者，必与之言私。

注释

①因其疑以变之：根据对方的疑问来改变自己的游说内容。②因其见以然之：根据对方的表现来判断其游说活动是否得法。③因其说以要之：根据对方的言辞来归纳其游说要点。④恐：受威胁的感受。⑤微：削弱。⑥符：验证、应验的意思。⑦拥：通“壅”，堵塞、阻塞。⑧公不如私：公，公开；私，私下，暗地里。公开运用计谋，不如在暗地里运用。⑨私不如结：结，缔联，结文。暗地里谋划又不如二人结为死党在一起商议。⑩正不如奇：正攻法虽然是合理的，但是却不如乘对方之不备使用奇攻法。⑪人主：人君、帝王。⑫人臣：臣下、大臣。

译文

所以，对那些外表亲善而内心疏远的人，要从内心开始进行游说。对那些内心亲善而表面冷淡的人，要从表面开始进行游说。因此，要根据事态发展的疑点来改变自己游说的内容，要根据对方的表现来判断游说是否得法，要根据对方的言辞来归纳出游说的要点，要根据事情发展的变化适时征服对方，要根据对方可能造成的危害来权衡利弊，要根据对方可能造成的祸患来采取对策。揣摩之后加以威胁，抬高之后加以策动，削弱之后加以扶正，符合之后加以响应，拥堵之后加以阻塞，搅乱之后加以迷惑。这就叫作“计谋”。至于计谋的运用，公开不如保密，保密不如结党，结成的党内是无懈可击的。正规策略不如奇策，奇策实行起来可以无往不胜。所以向人君进行游说时，必须与他谈论奇策。同样道理，向人臣进行游说时，必须围绕对他切身利益相关的内容。

鬼谷锦囊

鬼谷子说：“正不如奇，奇流而不止者也。”这句话最适合的领域，莫过于谈判桌上了。

怎样在谈判中掌握主动权，这是一个事关能否成为赢家的关键问题。在很多情况下，主动权的取得是靠出其不意的举动，即乘其不备，出奇制胜。因为从谈判所具有的严肃性、针对性和对立性来说，会场犹如战场，能否取胜，除了武器装备是否优良之外，还要看现场指挥者的计谋和策略。掌握了主动权，就可以使谈判朝有利于自己的方向发展。

延伸阅读

鬼谷子在此阐述了如何使计谋顺利实施的方法。

要想使计谋顺利实施，要想取得胜利，就要遵循“公不如私，私不如结；结而无隙者也”的规律。

曹操被张绣第二次追击失败后，沿途不敢停留，星夜赶回许都。袁绍见状只得挥师北征公孙瓒去了。曹操十分痛恨袁绍，但还是听从荀彧等人意见，联合刘备，先扫清东南，翦除心腹大患吕布。

谁知事机泄露，吕布抢先下手，打败刘备，攻占了小沛。又派陈宫联络泰山强盗孙观，进攻兖州各郡。

曹操闻讯便率大军行至萧关附近，进攻吕布。这时，吕布手下的部属陈登早已成为曹操的内线，便趁机运用传递假情报的计谋，配合曹操打败吕布——萧关告急，吕布要带陈登前去救助，让陈登父亲陈珪留守徐州。

临行前夜，陈氏父子秘密商议，如果吕布败回，由陈珪占领徐州不放他入城，但恐吕布妻小心腹在城里诸多不便，怎么办？陈登说："不必发愁，我有计策了。"

第二天入见吕布劝道："徐州四面受敌，曹操一定要拼力进攻，我们当先留有退路，将钱粮移藏于下邳，若徐州被围，就有粮草接济。"

吕布喜道："你说得很有道理。"即命人将妻小和钱粮移屯下邳。部署完毕，便率军前往萧关。

行至半路，陈登说："让我先去萧关探听曹军虚实，您方可行事。"吕布同意。陈登先上萧关，告知守将陈宫："吕将军责怪你们不肯出兵迎战。"

陈宫说："曹军势大，不可轻敌。我们紧守关隘，你劝主公力保沛城，这是上策。"

陈登"嗯嗯"点头。晚上，见曹军直逼关下，便悄悄写三封情报，挂在箭上，射下关去。翌日，他辞别陈宫，飞马来见吕布道："孙观等人都想向曹操投降，献出萧关，我已命陈宫死守，将军便可于今日黄昏杀去救应。"

吕布谢道："要不是先生，萧关就失守了。"便令陈登先去关上约陈宫为内应，举火为号。

陈登见了陈宫又说："曹军已抄小路进入关内，主公怕徐州有失，你们要回援。"

陈宫便率军弃关上路。陈登就在关上放起火来。吕布乘着夜色攻来，与陈宫军自相残杀。曹军望见火光，已知陈登箭信所示信号，便一起杀到，轻易夺取了萧关，孙观等人各自逃命去了。

吕布与陈宫相互攻到天明，方知受骗上当，急忙联合一起赶回徐州，到得城边叫门时，城上乱箭射下。原来陈珪已公开投降曹操。吕布要找陈登，遍寻军中不见，知中计。其时，陈登早已去小沛，再次向守将高顺、张辽假传情报："主公在徐州被围，你们快去救援。"

高顺、张辽即率军赶往徐州，路上同吕布、陈宫相遇，吕布这才恍然大悟，狠狠地说："我非杀死陈登这个内奸不可！"即会合军队向小沛进发，行至城边，见城上尽是曹兵旗号——原来曹操已按陈登箭信所示，令曹仁乘虚而入，兵不血刃地占领了小沛。

吕布在城下大骂陈登，陈登在城上指着吕布回骂道："我是汉朝的臣子，岂能为你这个反叛之贼服务？"吕布大怒，要想攻城，无奈曹操率大军冲杀前来，吕布难以抵御，只得率部向东面逃去。

陈登父子密谋与曹操里应外合，吕布本来就是一介武夫，有勇无谋，哪能识破其中奥妙。可以说陈登把鬼谷子"公不如私，私不如结"的谋略演绎得淋漓尽致。

第四章 圣人之道，在隐与匿

原文

其身内、其言外者疏；其身外、其言深者危[①]。无以人之所不欲，而强之于人；无以人之所不知，而教之于人。人之有好也，学而顺之；人之有恶也，避而讳之，故阴道而阳取之[②]也。故去之者从之，从之者乘之[③]。貌者不美，又不恶，故至情托焉[④]。可知者[⑤]，可用也；不可知者，谋者所不用也，故曰事贵制人，而不贵见制于人。制人者握权也，见制于人者制命也。故圣人之道阴，愚人之道阳[⑥]。智者事易，而不智者事难。以此观之，亡不可以为存，而危不可以为安[⑦]，然而无为而贵智矣；智用于众人之所不能知，用于众人之所不能见。既用见可，择事而为之，所以自为也；见不可，择事而为之，所以为人也。故先王之道阴，言有之[⑧]曰："天地之化，在高与深；圣人之道，在隐与匿。非独忠、信、仁、义也，中正而已矣。"道理达于此[⑨]义者，则可与语。由能得此，则可与远近之义。

注释

①危：危险。②阴道而阳取之：悄悄进行谋划，公开进行夺取。③去之者从之，从之者乘之：去，除掉、去掉；纵，放纵、恣肆；乘，利用、趁机会。④貌者不美，又不恶，故至情托焉：不论对任何事物都不立刻把喜怒形于色的人，都是属于冷静而不偏激的人，这种人可以完全信赖他。⑤可知者：可以了解透的人。⑥圣人之道阴，愚人之道阳：圣人谋划的事情，隐而不露；

愚笨的人谋划事情，张扬外露。⑦亡不可以为存，而危不可以为安：这里指救亡图存和转危为安都是很难的事。⑧言有之：古语有这种说法。⑨道理达于此：能认清此种道理。

译文

虽然是自己人，如果说有利于外人的话，就会被疏远；如果是外人，却知道内情太多，就必然陷入危险。不要强迫别人做他不愿意做的事情，不要拿别人不知道的事情去说教别人。如果对方有某种兴趣爱好，就要仿效以迎合他的兴趣；如果对方厌恶什么，就要加以避讳，以免引起反感。所以，要进行隐密的谋划和公开的夺取。想要除掉的人，就放纵他，任其胡作非为，待其留下把柄时就乘机一举消灭他。那些遇到事情既不喜形于色也不怒目相待的人，是感情深沉的人，可以托之以机密大事。对于了解透彻的人，可以大胆重用；对了解不够透彻的人，有智慧的人是不会重用他们的。所以说，掌握别人的思想最为重要，绝对不要被人家控制。控制人的人是掌握大权的统治者；被人家控制的人，是唯命是从的被统治者。所以圣人运用谋略的原则是隐而不露的，而愚人运用谋略的原则是大肆张扬的。有智慧的人成事容易，没有智慧的人成事困难。由此可以看出，一旦国家灭亡了就很难复兴；一旦国家骚乱了就很难安定，所以无为与智慧是最重要的。智慧是用在众人所不知道的地方，用在众人所看不见的地方。在施展智谋以及才干之后，如果证明是可行的，就要选择相应的时机来实行，这是为自己；如果发现是不可行的，也要选择相应的时机来实行，这是为别人。所以古代的先王所推行的大道是属于“阴”的，古语说：“天地的造化在于高与深，圣人的治道在于隐与匿，并不是单纯讲求仁慈、义理、忠诚、信守，不过是在维护不偏不倚的正道而已。”如果能彻底认清这种道理的真义，就可以与人交谈，假如双方谈得很投机，就可以发展长远的和目前的关系。

鬼谷锦囊

鹰立如睡，虎行似病。在现实生活中用“藏巧于拙，用晦而明、聪明不露，才华不逞”等韬略来隐蔽自己的行动，可以达到出奇制胜的目的。表现低调些，做事情过于张扬就会泄露“事机”，就会让对手警觉，就会过早地把目标暴露出来，成为对手攻击和围剿的“靶子”。保护自己的最好方式就是不暴露，尽管这样做会有损失，却能避免更多不可预知的风险。

延伸阅读

控制者，是拥有一定智慧的人，而被控制者，命运只能永远掌握在他人手里。愚人运用智慧是大肆张扬的，而圣人运用智慧却是隐而不露的。隐而不露是一种谋略，是为了达到某种目标，故意将自己的内心隐藏起来以麻痹对方，而一旦时机成熟，条件具备，就会露出利牙，刀枪出鞘，置对手于死地。

在运用智慧时，不仅要运用在对方所看不见的地方，还要时刻观察事物的规律性，探索事物变化的征兆，分析引起变化的原因，制定隐秘又合理的应变措施，并通过适当的时机，将措施得以实施。如果条件不够成熟，切莫仓促实施计划。此时，可以做一些对方喜欢的或完全为他人服务的事，要让对方感觉你是在全心全意为他服务，等到对方对你另眼相待开始接受你时，再寻找机会实施计划。

公元73年（东汉明帝永平十六年）的一天晚上。疏星淡月，万籁俱寂。云中（今内蒙古自治区托克托县一带）太守廉范在军营帐篷内一会儿踱步苦苦思索，一会儿翻阅着已经读得熟烂的兵书。最近北方匈奴又大举进攻，云中太守廉范奉命抵抗。当时手下部队只有匈奴的一半，形势很是危急。

一位部将建议道：“廉大人，依小人之见，还是向四周友邻求救，才是上策。”

廉范摇摇头，说：“请求增援当然可以一试，但匈奴这次是大举进攻，万一友邻不肯增援，或者确实分不开兵力呢？我们应该立足于自己的力量去抗击强敌才是啊！”

那个部将说：“可眼下我们的兵力实在是太少了。”

“兵不厌诈！”廉范突然说，“我们用假象欺骗敌人，对！就用无中生有之计。”

“无中生有?”部将疑惑地问，“如何无中生有?”

这时廉范两眼闪闪生辉，对部将耳语一阵，部将点点头，马上照廉太守的计谋去办。

门口，几个哨兵举着火炬在来回巡逻，火炬的一头是火，另一头握在手中。可是，一会儿，军营中所有的兵士都出来了，每人手里拿一个十字形火炬，用手握住一头，其余三头都点着火，然后在军营里分散站开。这样，一个人就“变”成了三个人。

在和汉兵对峙的匈奴人的军营中，主帅闻报说：“廉范的军营里到处是举着火炬的士兵。”主帅以为汉朝的增援部队已经赶到，不久就要发动攻击，因此很是害怕。天色微明，群星消失，大地一片苍茫，匈奴部队急急收起帐篷，向北撤退。廉范命令士兵们紧擂战鼓，喊杀声惊天动地，一个冲锋，杀敌数百。匈奴兵慌忙中自相践踏，又抛下 1000 多具尸体，让他们做“异乡鬼”了。

“智用于众人之所不能知，而能用于众人之所不能见。”“圣人之道，在隐与匿。”廉范的这招无中生有之计就是如此，计谋隐秘又合理，时机又恰到好处，可谓“奇谋”。

大凡智慧者，都应该“隐而不露”。过分地张扬自己，就会经受更多的风吹雨打，一个人在社会上，如果不合时宜地过分张扬、卖弄，那么不管多么优秀，都难免会遭到明枪暗箭的打击和攻讦。

第十一篇　决①术

行阳道则努力守常如一，行阴道则努力掌握事物对立的两面。要在平时和关键时刻巧妙地运用并谨慎行事，如果可以就做出决断。所以说，解决事情，确定疑难，是万事的关键。

①决：决断。《左传·桓公十一年》："卜以决疑"。《史记·淮阴侯列传》："成败在于决断"。这里指决情定疑，果断决策。

第一章 成败在于决断

原文

为[2]人凡[3]决物，必托于疑者，善其用福，恶其有患[4]，善至于诱也，终无惑[5]。偏有利焉，去其利则不受也[6]，奇[7]之所托[8]。若有利于善者，隐托于恶，则不受矣，致[9]疏远。故其有使失利、有使离[10]害者，此事之失。

注释

②为：给，替。③凡：凡是，表示概括。④善其用福，恶其有患：喜欢有利而厌恶灾祸。⑤惑：迷惑。⑥去其利则不受也：去，除去；去其利，将其利除去，即没有利。受，接受。没有利则不接受。⑦奇：奇计。⑧托：凭借。⑨致：导致，招致。⑩离：古通“罹”，遭受。

译文

凡为他人决断事情，都是受托于有疑难的人。一般说来，人们都希望遇到对自己有利的事情，不希望碰上与自己不利的事情，希望最终能排除疑惑。在为人作决断时，如果只对一方有利，那么不利的一方就不会接受，这是因为依托的基础不平衡。任何决断本来都应有利于决断者的，但是如果在其中包含着不利的因素，那么决断者就不会接受，彼此之间的关系也会因此疏远，这样对作决断的人就不利了，甚至还会遭到灾难，这样决断是失误的。

鬼谷锦囊

在现实生活中，不管是求人办事，还是帮人办事，人们都要对办与不办进行抉择，而抉择的目的无非就是权衡利弊得失，你是如此，对方亦是如此。所以，如果你想说服对方同意自己的要求，就要学会站在对方的立场和角度考虑，并用这种口吻与对方商量，只有让对方知道你是为了他好，他才能心甘情愿地接受你的要求。

延伸阅读

通常，人们都是通过事物变化产生的疑点来制定相应的策略。如果对方是可以说服的人，可以为我所用，就要通过对对方有利的话语来打动他，一切从善的方面表述，灵活运用；如果对方是不可以说服的人，不能为我所用，就要通过对对方不利的话语来提醒对方危险无处不在，同时要让对方明白自己的提醒是善意的。那些对自己有利可图的事情，如果不想方设法让对方改变对事情原有的看法，对方是难以接受的，甚至还有可能导致彼此关系疏远。

著名人际关系学大师卡耐基曾租用纽约某家饭店的大舞厅，用来举办一系列的讲课。

在某一季度刚要开始的时候，他突然接到一个通知，说他必须付高出以前三倍的租金。

当然，卡耐基并不想支付这笔增加的租金，可是跟饭店的人理论是毫无用处的。因此，几天之后，他会见了饭店的经理。

“收到你的信，我有点吃惊”，卡耐基说，“但是我根本不怪你。假如我是你，我也可能发出一封类似的信件。你身为饭店的经理，有责任尽可能地增加饭店收入。如果你不这样做，你将可能丢掉现在的职位。现在，我们拿出一张纸来，把你因此可能得到的利弊列出来，如果你坚持要增加租金的话。”

卡耐基取出一张纸，在中间画了一条线，一边写着“利”，另一边写着“弊”。

他在“利”的下面写下几个字：“舞厅空下来”。接着他说：“你把舞厅租给别人开舞会或开大会是最划算的，因为像这类的活动，比租给人家当讲课场更能增加不菲的收入。如果我把你的舞厅占用 20 个晚上来讲课，你的收入当然就会减少很多。现在，我们来考虑坏的方面。首先，如果你坚持增加租金，你不但不能从我这儿增加收入，反而会减少自己的收入。事实上，你将一点收入也没有，因为我无法支付你所要求的租金，我只好被逼到另外的地方去开这些课。你还有一个损失，这些课程吸引了不少受过教育、修养高的听众到你的饭店来。这对饭店本身是一个很好的宣传，不是吗？事实上，如果你花费 5000 美元在报上登广告的话，也无法像我的这些课程能吸引这么多的人来你的饭店。这对一家饭店来讲，其价值不是很大吗？”

卡耐基一边说，一边将这两项坏处写在“弊”的下面，然后把纸递给饭店的经理，说：“我希望你好好考虑你可能得到的利弊，然后告诉我你的最后决定。”

第二天卡耐基收到一封信，通知他租金只涨 50%，而不是 300%。

卡耐基并没有明确提出自己的要求，而是自始至终都在谈论着对方的利与弊，这正是他的聪明才智，使得自己成功地得到了减租。

在现实生活中，此类事件似乎经常遇到，这就需要充分发挥自己的聪明才智，冷静思考，认真分析，切莫与对方产生冲突。当我们努力去争取某件事或努力达到某个目标的时候，就要权衡利弊，该舍弃的就要舍弃，以免被一些不必要的细枝末节所牵绊。

第二章 微而施之

原文

圣人所以能成其事者有五：有以阳德之①者，有以阴贼之②者，有以信诚之者，有以蔽匿之者，有以平素③之者。阳励于一言，阴励于二言，平素、枢机④以用；四者⑤微而施之。于是，度以往事，验之来事⑥，参⑦之平素，可则决之；公王大人之事也，危⑧而美名者，可则决之；不用费力而易成者，可则决之；用力犯勤苦，然而不得已而为之者，可则决之；去患者，可则决之；从福者，可则决之。故夫决情定疑万事之机⑨，以正治乱⑩、决成败，难为者。故先王乃用蓍龟⑪者，以自决也。

注释

①以阳德之：用阳道来感化。②以阴贼之：用阴道来惩治。③平素：即平时。④枢机：枢纽、机要。⑤四者：指一言、二言、平素、枢机。⑥验之来事：对将来的事情进行验证。⑦参：核对，对照、参照。⑧危：崇高的意思。⑨万事之机：万事的关键。⑩治乱：肃清动乱。⑪蓍（shì）龟：蓍，一种多年生草本植物；龟是龟甲，都是占卜工具。

译文

圣人能够完成大业的原因，主要有五个途径：有用阳道来感化的；有用阴道来惩治的；有用信义来教化的；有用爱心来庇护的；有用廉洁来净化的。行阳道则努力守常如一，行阴道则努力掌握事物对立的两面。要在平时和关键时刻巧妙地运用这四个方面并谨慎行事。推测过去的事，验证将要发生的事，再参考日常生活中的事，如果可以，就做出决断；王公大臣的事，崇高而享有美名的，如果可以就做出决断；不费吹灰之力即可获成功的事，如果可以就做出决断；耗力气又辛苦，但又不得不做的，如果可以就做出决断；能消除忧患的，如果可以就做出决断；能实现幸福的，如果可以就做出决断。所以说，解决事情，确定疑难，是万事的关键。澄清动乱，预知成败，这是一件很难做到的事。所以古代先王就用筮草和龟甲来决定一些大事。

鬼谷锦囊

在现实生活中，做任何决策都应该遵循事物发展的规律，三思而后行，不要盲目急躁，更不要意气行事，否则只会自食恶果。

“度以往事，验之来事，参之平素”，万事要借鉴以往的或前人的经验，并验证现在将要实施的计划，结合一切如常的氛围，最后选择机会实施谋略。总之，只有慎重地决策，才能做出正确的决断。

延伸阅读

万事万物的决策都离不开事物存在的背景及事物之间错综复杂的联系。决断事物是有一定规律可循的，“度以往事，验之来事，参之平素”，就是说要借鉴往事，研究现状，预测未来。三者缺一不可。只有决策慎重，才能做出正确的决断。

明代开国皇帝朱元璋在平定天下时，提出基本国策为：“高筑墙，广积粮，缓称王。”而千年之后，毛泽东在研究我国建设与防卫方针时，还曾借鉴此一决策，指出20世纪70年代我国国策为：“深挖洞（备战），广积粮（备荒），不称霸（外交）。”

由此可以看出，正确的决策可以稳定政局、富国强兵、造福人类；而错误的决策不仅会丧权辱国，还将使自己身败名裂。因此，不管做什么样的决策都应该进行慎重的考虑。

第十二篇　符言①

鬼谷子认为,养志是由于欲望不能都得以实现，需要养志以通达。要求为人君者必须做到：安徐正静的境界；高瞻远瞩，耳聪目明；善于听取各种言辞；赏罚必正；善于统领百官，遵循为政之理；思维周密，洞察隐微。

①符言：符是符契、符节。我国早在汉代就把有节的竹片加以中分，由两人各持一片，日后各拿这一片竹的人，只要能把两片竹完全合在一起，连竹节都能像原来那样吻合，那就证明是他本人或其代理人。到后来，改竹片而用木片或纸片等，并在上面加盖印记，而且是从印的中间切断使用，这种印就叫“骑缝印”。这里是指言辞与事实像符契一样吻合。还有人认为“符言”乃是“阴符之言”的简称。

第一章　主　位

原文

安、徐[②]、正、静，其柔节[③]先定。善予而不争，虚心平意[④]，以待倾[⑤]。右主位[⑥]。

注释

②徐：缓慢、稳重。③节：节度，法度。④虚心平意：使内心很谦虚，使意念很开朗。⑤以待倾：以备倾覆。⑥右主位：上面主要讲善守其位。右：古代从右向左竖写。

译文

如果身居君位的人能做到安详、从容、正派、沉静，既会顺利又能节制，愿意给予，也与世无争，这样就可以心平气和地面对天下纷争。以上讲善守其位。

鬼谷锦囊

那些有所作为身居高位的人，往往不会显得高高在上、盛气凌人，而是给人一种平易近人的感觉。他们有着安静、稳重、有礼有节的言行举止，有着高尚的道德情操，同时善于听取他人的意见，善于肯定他人的成果，因此他们的做事效率往往比一般人要高得多。

胸襟广阔、平易近人的人，深知“小不忍而乱大谋”的道理，尤其是那些心中存有远大抱负之人，更是能够分清孰轻孰重。当然，宽容大度并不是对他人的无原则迁就，也不是主张善恶兼容，更不是要与不正当的行为和平共处，而是在道德规范的基础之上，做到相互谅解和支持。只有真正做到宽以待人，才能建立起和谐的人际关系。

延伸阅读

公元前606年，一鸣惊人的楚庄王一举消灭了叛党，回到郢都，开了一个庆功会。这个宴会名为“太平宴”。君臣兴致很高，从白天一直喝到晚上，还没尽兴。

这时，楚庄王最宠爱的许姬奉楚庄王之命为群臣斟酒。突然，一阵冷风扑至大厅上，将屋里所有的蜡烛都吹灭了。许姬正为一人斟酒，那人却趁着黑灯瞎火之际，拉住许姬的袖子，去捏她的手。

许姬倒也厉害，顺手把那人帽子上的缨子揪了下来，快步来到庄王前轻轻地告状，要楚庄王快命人点烛，看看是谁那么大胆，竟敢趁机调戏她。

调戏君王的宠姬，无疑是对君王的羞侮，这是大逆不道的行为啊！但楚庄王想了想，高声喊道：“切莫点燃蜡烛！寡人今日要与诸卿开怀畅饮，不用打扮得衣冠齐整的了，大家统统把帽子全摘下来吧！”当莫名其妙的文武官员都把帽子摘下后，庄王这才叫人点燃蜡烛。如此一来，庄王和许姬始终都不知道拉袖子的是何人。

散席之后，许姬对楚庄王颇有责怪之意。庄王却笑着说道：“今天是寡人请文武百官前来喝庆功酒的，酒醉出现狂态乃是很正常的事情，这又有什么奇怪呢？如果寡人按你所说的把那个人查出来，这样的确显示了你的贞节，但却让群臣不欢而散，那样就都会说我胸怀狭窄、度量太小，那以后谁还会为我拼死效劳呢？”

后来，楚国与郑国交战时，前部主帅的副将唐狡自告奋勇率数百人充当先锋，为大军开路。他攻无不克，战无不胜，使楚军进展顺利。庄王要厚赏唐狡。唐狡却红着脸说：“大王切莫厚赏，只要不治我的罪，末将已感激不尽了！”

庄王问：“为什么呢？”

唐狡磕头答道：“上次‘太平会’上，去拉美人手的便是我呀！

昔日蒙大王不杀之恩，今日末将才舍命相报啊!”

楚庄王心胸广阔，善于听取他人的意见，对调戏自己爱妃的人不但不加以责罚，还加以重用，这样的主君有谁愿意舍弃呢？他能够成为春秋五霸之一的原因，也就是如此。

能够做到心平气和、与世无争的人，不仅能够减轻自己本身的负担，还能获得他人的尊重，甚至还有可能使自己声名远播，何乐而不为呢？

心平气和、与世无争，并不等于做一个无名无用之人，更不等于逃避；相反，与世无争是一种心态，更是一种境界，心静自然远离虚浮，心平气和自然与世无争。追求与世无争的境界更多的是在挖掘自身内心的快乐，要超越他人，首先就要超越自己，如果连自己都征服不了，又怎么能够去征服别人呢？

人的一生当中，如果能够以广阔的胸襟来对待他人，做到安详、从容、正派、沉静，不仅能够博得他人的好感，赢得周围人的尊重，更重要的是能够使自己的工作、生活变得更加轻松自在，这才是真正美丽、幸福的人生。

第二章　主　明

原文

目贵明[1]，耳贵聪[2]，心贵智[3]。以天下之目视者，则无不见；以天下之耳听者，则无不闻；以天下之心虑者，则无不知。辐辏[4]并进，则明不可塞。右主明[5]。

注释

①明：明亮。②聪：灵敏。③智：智慧。④辐辏（còu）：车辐条集辏于毂上。⑤主明：主要讲察人之明。

译文

对眼睛来说，最重要的就是明亮；对耳朵来说，最重要的就是灵敏；对心灵来说，最重要的就是智慧。人君要是能用全天下的眼睛去观看，就不会有什么看不见的；要是用全天下的耳朵去听，就不会有什么听不到的；要是用全天下的心去思考，就不会有什么不知道的。要是全天下的人都能像车辐条集辏于毂上一样，齐心协力，就可明察一切，无可阻塞。以上讲察人之明。

鬼谷锦囊

在实际生活中，真正能够做到明察秋毫、不被假象所迷惑的人又有多少呢？企业的管理者难免会有轻信他人的时候，就连要好的朋友之间也会因为他人的嫉妒诋毁而相互远离，这种事情可以说数不胜数。因此，要避免这种事情的出现，只有擦亮自己的眼睛，透过表面现象去看事物的真实本质，认真分析事物发展变化的规律以及事物之间的内在联系，唯有如此，才不致造成不必要的损失。

延伸阅读

三国时期，刘备死后，刘禅继位，蜀国的大小政事便由丞相诸葛亮处理决定，诸葛亮成了蜀国政权的实际主持者。

诸葛亮在人们的心目中有很高的威望，但他并不因此居功自傲，而是经常注意听取部下的意见。杨颙是当时丞相府里负责文书事务的主簿官。他对诸葛亮亲自过问每一件事的做法提出了建议。他说："处理国家军政大事，上下之间分工应该不同。"他还举出历史上一些著名的例子，劝诸葛亮不必亲自处理一切文书，少过问一些琐碎的小事，对下属应该有所分工，自己应主抓军政大事。诸葛亮对于杨颙的劝告和关心很是感激，但他怕有负刘备所托，仍然亲自处理大小事务。

后来杨颙病死，诸葛亮非常难过，哀悼不已。为了鼓励下属踊跃参与政事，诸葛亮特地写了一篇文告，号召文武百官，朝廷内外人士积极主动地发表政见，反复争议。这篇文告就是《教与军师长史参军掾属》。他在文中写道："丞相府里让大家都来参与议论国家大事，是为了集中众人的智慧和意见，广泛地听取各方面有益的建议，从而取得更好的效果。"

广开言路方能集思广益，集思广益方能让自己心知肚明。眼睛是明亮的，那就要看得清视野以外的东西；耳朵是灵敏的，那就不要听信他人的谗言，否则只会造成不必要的损失；要让自己拥有一颗包容的心，当自己颇有成绩时，不要居功自傲，更不要盛气凌人，遇见比自己高明的人要虚心向他学习，千万不要让嫉妒心毁了自己。

中国的企业管理者，大都有着这样一种管理信条："如果想把企业管理好，不论什么事情都不要相信自己的耳朵，而只相信自己的眼睛，任何人都不要轻易相信。"也正因为这样，才能够使这些管理者不被假象所蒙蔽，做到明察秋毫。一个听信道听途说、不问青红皂白的管理者和领导者是不合格、不称职的。

第三章　主　听

原文

听之术曰：勿望而许之，勿望而拒之[①]。许之则防守[②]，拒之则闭塞[③]。高山仰之可极，深渊度之可测。神明之位术，正静其莫之极欤[④]！右主听[⑤]。

注释

①勿望而拒之：不要还没深入了解就拒绝。②许之则防守：善于听取别人的意见，可为自己增加保护。③拒之则闭塞：拒绝采纳进言，就使自己受到封闭。④高山仰之可极……正静其莫之极欤：山的高度和渊的深度固然能测量，但是神明的位术却是正静的，绝对无法像测山河一般来测量。⑤主听：主要讲虚心纳谏。

译文

听取情况的方法是：不要还没深入了解就答应，也不要还没深入了解就拒绝。如果能够善于听取他人的意见，就使自己多了一层保护，如果拒绝别人进言就使自己受到了封闭。高山仰望可看到顶，深渊测量可以测到底，而神明的心境既正派又深沉，是无法测到底的。以上讲的得虚心纳谏。

鬼谷锦囊

高山可以见顶端，深渊可以测深度。要让自己表现出良好的道德修养，就不要固执己见，更不要拒人于千里之外。那些不能够虚心听取他人意见的人，不但不能够博得他人的好感，甚至还将自己的言路给封闭了，这样一来，他就只能生活在自己已知的世界里。

延伸阅读

玄武门之变后，有人向秦王李世民告发，说东宫有个官员叫魏征，曾经参加过李密和窦建德的起义军，李密和窦建德失败之后，魏征在太子建成手下干过事，还曾经劝说建成杀害秦王。秦王听后，立刻派人将魏征找来。

魏征见了秦王，秦王板起面孔问他说："你为何要在我们兄弟中挑拨离间？"左右的大臣听秦王这样发问，都替魏征捏了一把汗。但是魏征却神态自若，不慌不忙地回答说："可惜那时候太子没听我的话，要不然，也不会发生这种事情了。"秦王听了，觉得魏征说话直爽，很有胆识，不但没责怪魏征，反而和颜悦色地说："这已经是过去的事，就不用再提了。"

唐太宗即位以后，把魏征提拔为谏议大夫，还选用了一批李建成、李元吉手下的人做官。秦王府的官员都不服气，背后嘀咕说："我们跟随皇上数年，现在皇上封官拜爵，反而让东宫、齐王府的人先沾了光，这算什么规矩？"

宰相房玄龄将这番话告诉唐太宗，唐太宗笑着说："朝廷设置官员，为的是治理国家，应该选拔贤才，怎么能拿关系来做选人的标准呢？如果新来的人有才能，老的没有才能，就不能排斥新的，任用老的。"

由于唐太宗重用人才，积极采纳大臣的意见，政治比较开明，而且注意减轻百姓的劳役，采取了一些发展生产的措施，使得唐朝初期经济出现了繁荣景象，社会秩序比较安定，历史上把这段时期称作"贞观之治"。

所以，无论是在生活还是在工作中，我们都要善于听取他人不同的意见，并虚心采纳，只有这样才能避免失误的出现。

第四章　主　赏

原文

用赏贵信，用刑贵必。刑赏信必，验[1]于耳目之所见闻。其所不见闻者，莫不暗化矣。诚畅于天下神明，而况奸者干君？右主赏[2]。

注释

①验：和证据互相对照，以便明了真相。②主赏：主要讲罚赏必信。

译文

运用奖赏时，最重要的是守信用。运用刑罚时，贵在坚决。处罚和赏赐的信誉以及坚决，应验证于臣民所见所闻的事情，这样对于那些没有亲眼看到以及亲耳听到的人也有潜移默化的作用。君主的诚信要是能畅达天下，那么连神明也会来保护，又何惧那些奸邪之徒上犯君主呢？以上讲赏罚必信。

鬼谷锦囊

假如要行赏，那就要说到做到，不能出尔反尔，否则会被认为是不守信用之人；假如要惩罚，那就一定要以理服人，做到公平、公正，让人心服口服。对他人行赏时，除了要一言九鼎外，还应加大宣传力度，让众人知晓并以此作为榜样。即使没有亲眼看到他人行赏，也能因榜样的事迹起到潜移默化的作用，久而久之，正义的力量也就得到了很好的传播。当正义的力量在社会上占主导地位时，那些奸险小人就无处藏身了。

延伸阅读

军队中如果不能做到赏罚分明，就会出现纪律不严，士气低落的现象。因此，古代治军严谨的将领都十分注重赏罚分明，正所谓“军令如山”“军中无戏言”。赏罚也是领导的重要手段，“赏罚不明，百事不成；赏罚若明，四方可行”。

僖负羁是曹国人，曾经救过晋文公的命，所以晋文公在攻下曹国时，为了报答僖负羁的恩情，就向军队下令，不准侵扰僖负羁的住处，如有违反者，一律处以死刑。

大将魏平和颠颉却不服从命令，带领军队将僖负羁的家团团围住，并放火焚屋。魏平爬上屋顶，想把僖负羁拖出杀死。不料，梁木承受不了重量而塌陷，正好把魏平压个正着，动弹不得，幸好颠颉及时赶到，才将他救了出来。

这件事被晋文公知道后，十分气愤，决定依照命令处罚二人。大臣赵衰（赵国君王的先人）替二人求情，说：“他们俩人都替国君立下过汗马功劳，杀了不免可惜，还是让他们戴罪立功吧！”晋文公说：“功是一回事，过又是一回事，赏罚必须分明，才能使军士服从命令。”于是便下令，革去了魏平的官职，又将颠颉处死。

从此以后，晋军上下，都知道晋文公赏罚分明，再也不敢违令了。

第五章 主 问

原文

一曰天之，二曰地之，三曰人之。四方、上下、左右、前后，荧惑[①]之处安在？右主问[②]。

注释

①荧惑：火星古代名。此指不清楚。②主问：主要讲多方咨询。

译文

一叫作天时，二叫作地利，三叫作人和。四方，上下、左右、前后不明白的地方在哪里？以上讲多方咨询。

鬼谷锦囊

成事者，天时、地利、人和也。这是一个相对开放性的哲学命题，在先秦以前的圣人之谋中，“天地感应篇”是每个思想家都会论述一遍的命理学话题。

天时，指的是星象经纬和命理的引导，地利指的是趋利避害的意识本能，人和指的是人的潜力足以包纳二者。在三者都懂的时候，就不存在人做不成的事情。

延伸阅读

治理好一个国家最基本的要素为：天时、地利、人和。可是这三个要素的实际情况从何而来？四面八方究竟有没有问题？如果有问题，那么问题又出在哪里？要怎么样才能解决这些问题，等等，都是需要靠自己亲自去实践、亲自去探索的，否则就无从知晓问题的根源。这就需要我们深入第一线，深入群众中去寻求答案，对自己不明白的问题要敢于下问，不耻下问，直至找出问题的解决办法为止。

卫国大夫孔圉聪明好学，更难得的是他是个十分谦虚的人。在孔圉死后，卫国国君为了让后代的人都能学习和发扬他好学的精神，因此特别赐给他一个“文公”的谥号。于是后人就尊称他为孔文子。

孔子的学生子贡也是卫国人，但是他却不认为孔圉配得上那样高的评价。

有一次，他问孔子说：“孔圉的学问及才华虽然很高，但是比他更杰出的人还很多，凭什么赐给孔圉‘文公’的称号？”

孔子听了微笑着说：“孔圉非常勤奋好学，脑筋聪明又灵活，而且如果有任何不懂的事情，就算对方地位或学问不如他，他都会大方而谦虚地请教，一点都不因此感到羞耻，这就是他难得的地方，因此赐给他‘文公’的称号并无不妥之处。”

听了孔子这样的解释，子贡最终服气了。

当遇到自己不懂的问题时，要虚心向周围的前辈请教，即便年龄小于自己，学历或地位低于自己，也应该虚心请教，而且要显示出自己的诚心，不要以此为耻。

在现实生活中也应该大力提倡不耻下问、虚心好学的学习精神，提倡互帮互学，取长补短，以能者为师的精神。只有这样，我们才能不断取得进步。然而有不少人在遇到问题时，不善于向别人请教，更不善于“下问”，主要原因在于拉不下“面子”，放不下“架子”，宁肯不懂装懂，也不去向别人请教弄个明白，这样，不仅阻碍自己的进步，还让周围人觉得你是一个非常傲慢的人。

第六章 主 因

原文

心为九窍①之治，君为五官②之长。为善者君与之赏，为非者君与之罚。君因其所以来，因而与之，则不劳。圣人用之，故能掌之。因之循理，固能久长。右主因③。

注释

①九窍：窍是出人空气的小穴。人体上共有九个小穴，就是口、两耳、两眼、两鼻孔、二便孔等，但是通常都除掉二便孔而称为“七窍”。②五官：商代五种重要官职。即司徒、司马、司空、司士、司寇。③主因：主要讲遵规循理。

译文

心是九窍的统治者，君是各种官员的首长。做好事的臣民，君主就会赏赐他们；做坏事的臣民，君主就会惩罚他们。君主根据臣民的政绩来任用，斟酌实际情况给予赏赐，这样就不会劳民伤财。圣人深知其中的奥妙，因此能很好地掌握他们，并且要遵循客观规律，所以才能长治久安。以上讲遵规循理。

鬼谷锦囊

很多人对待事情不能进行认真的分析思考，对待他人的建议不理不睬，听之任之，以致造成不良的后果；也有不少人虽然对自己的前途有良好的规划，但是往往想到了这一方面却忽视了另一方面，以致事情不能得到更快更好的解决。如果我们能够停下脚步认真思考，分析事情变化的规律及相互之间的联系，找出其中的原因，并迅速果断地进行相应的处理，事情便会朝向好的一面发展。

延伸阅读

世界万物纷繁复杂，当人们面对这纷繁复杂的世界时，都会停下脚步用心去分析，企图了解和掌握事物变化的规律及相互之间的联系。如果顺应这些规律，就可以达到心想事成的目的，因此，心是各种问题的统治者。

一天，刘邦在洛阳附近看见许多将军围在一起大发牢骚，可正当自己走近他们的时候，又听不到说些什么，只见将军们面有愠色，看样子对刘邦挺有意见呢！于是刘邦就去问张良，究竟是怎么一回事，张良如实汇报说："将军议论着准备造反！"

张良的话着实把新做了汉朝皇帝的刘邦吓了一大跳：天下才刚刚平定，又有人出来造反，什么时候才能过上安定的日子呢？这可如何是好？于是他赶忙向张良寻根问底，要他想出一个合理的对策。张良分析说："陛下斩蛇起义，是靠这些将士们出生入死才夺取了天下。秦朝被陛下推翻，项羽也被陛下打败，如今，陛下当上了皇帝，将军们现在关心的自然就是分封土地和授予官位的事情了。可是，陛下分封的人中，都是萧何、曹参等陛下最为亲近的人，处分的都是那些和陛下有怨恨的人。现在，将军们一边在盼着陛下快快分封自己，一边又担心土地有限轮不到自己。还有一些人害怕平时得罪过陛下，会遭到陛下的处置。所以他们才聚集在一起密谋发难。如果处置不当，一定会出现内乱。"

刘邦忙问："事到如今，那我该怎么办呢？"

张良接口说道："我有一计，可以改变这种局面。陛下请告诉我，平时最恨的而且将军们都知道的人是谁？"

事至如此，刘邦只得如实回答，他顿了顿说："雍齿，此人作战勇猛，立过许多战功，在将士们中也有威望。可是他居功自傲，说话没头没脑，不分君臣，几次让我在大臣面前难堪。我恨不得杀了他，痛痛快快地出口气。但想到那时正是用人之际，也就忍了。”

张良拍手笑道：“这就好了，请陛下立即封雍齿为侯，如此一来，那些有战功而担心陛下为难他们的人，一看陛下连最恨的人都分封了，哪还有什么顾虑呢？顾虑自然烟消云散了，还愁他们会造反吗？”

刘邦采取了张良的建议，于是设下酒宴，当着大臣和将军们的面，封雍齿为什方侯，又让丞相、御史加快定功封赏的进度。

几天前还准备闹事的将军们吃过酒宴后，高高兴兴地说：“现在好了，什么都不用愁了，连陛下最恨的人都分封了，那我们就等着陛下的分封奖赏吧！”

张良小小的一计，便安定了汉初的局面。

刘邦采纳张良的计策迅速又及时，才得以稳定天下，安定臣民。如果刘邦对于张良的计策稍稍迟疑，又或者他根本不把张良的计策放在心里，而是一意孤行，将雍齿杀害，那么将军们准备造反的事情就会得以实现，这也正是体现了刘邦广阔的胸襟。

第七章 主 周

原文

人主不可不周[①]；人主不周，则群臣生乱。寂乎[②]其无常也，内外不通，安知所开？开闭不善，不见原也[③]。右主周[④]。

注释

①不可不周：君主必须广泛知道世间一切道理。周，周密、细密。②寂乎：形容没有人声，很安静。③不见原也：不知道为善的源头。④主周：为君主者必须遵循事物本身的规律。

译文

作为人主必须广泛了解外界事物，要是不通人情道理，那么就容易发生骚乱，世间鸦雀无声是不正常的，内外没有交往，如何能知道世界的变化。开放与封闭不适当，就无法发现事物的根源。以上所说的是做事要遵循事物本身的规律。

鬼谷锦囊

身为领导，要多和他人交换意见，营造和谐的人际关系，这样才能进一步了解世间的变化。如果内外信息不通，外面的真实情况就无从得知，事情的真实面目也就无从知晓，也就无法做出正确的决策，更不用说考虑周全了。因此，不仅是国君，在实际生活中，我们也要养成办事考虑周全的好习惯。

延伸阅读

作为君主，除了要广泛了解外界的信息之外，最为重要的是要将各种事情处理得极为周全，并尽量把各种关系处理平衡，这样才不容易发生叛乱。如果不能将问题考虑得细密、周全，凡事马马虎虎，敷衍了事，就会导致不良局面的出现。

虢（guó）国的国君平日里只爱听好话，听不得反面的意见，因此聚集在他身边的是一些只会阿谀奉承而不会治理国家的小人。当虢国灭亡的那一天，那一群误国之臣也一个个作鸟兽散，没有一个人愿意顾及国君，虢国的国君总算侥幸地跟着一个车夫逃了出来。

车夫驾着马车，载着虢国国君逃至荒郊野外。国君又渴又饿，车夫赶紧将食品袋取出，并送上清酒、肉脯和干粮，让国君吃喝。国君感到很奇怪，车夫的这些食物是从哪里来的呢？于是他在吃饱喝足后，便擦嘴问车夫："你从哪里弄来这些东西呢？"

车夫回答说："我事先准备好的。"

国君又问："你为什么会事先做好这些准备呢？"

车夫回答说："我是专替国君做的准备，以便在逃亡的路上好充饥、解渴呀。"

国君听了，很不高兴地问道："你知道我会有逃亡的这一天吗？"

车夫回答说："是的，我相信这一天迟早会到来。"

国君对车夫的话很是生气，紫涨着脸指着车夫大声吼叫。

车夫得知这个昏君已经无可救药，于是离开国君，头也不回地走了。

听取意见固然是件好事，但是如果只能听进正面的意见，而容纳不了反面意见的话，就会落到像虢国国君这样的下场。这就告诉我们，在实际生活中，我们不光要听取好的方面，更要思量坏的方面，凡事做到细致周全，那么，世界上就没有战胜不了的困难。反之，如果一意孤行，执迷不悟，那么后果将是十分可悲的。

第八章　主　恭

原文

一曰长目[①]，二曰飞耳[②]，三曰树明[③]。千里之外，隐微之中，是谓“洞”。天下奸莫不谙变更。右主恭[④]。

注释

①长目：能看到很远的事物，犹如千里眼。②飞耳：能听到很遥远的声音，犹如顺风耳。③树明：明察一切事物的能力。④恭：恭谨。

译文

用观天下之眼去看，用听天下之耳去听，用忧天下之心去考虑事务。千里之外隐蔽细微的事情都能够洞察，天下奸邪变化全都能知悉。要做到这样，要领就是恭行亲察，聪明文思。

鬼谷锦囊

俗话说：宁肯得罪十个君子，也不要得罪一个小人。奸险小人在上司面前诽谤你，在同事面前诋毁你，甚至会在你的家人面前诬陷你！其手段实在令人防不胜防。因此，为了让自己少受伤害甚至避免伤害，要洞察奸邪之人，看清小人的丑恶嘴脸，做到防患于未然，就需要掌握慧眼识破小人的招术，真正做到眼观六路、耳听八方，为自己构筑一道防护墙！

延伸阅读

人君要洞察奸邪，惩治奸佞小人，就需要修炼一双能够看透事物现象的慧眼，塑造一双能够听到千里之外声音的耳朵，还需要修炼洞察世间万物的本领，能够透过事物的表面现象看透事物的真实本质。

春秋时期，吴国和越国相互争霸，战事频繁。经过长期战争，越国终因不敌吴国，只得俯首称臣。越王勾践被扣在吴国，行动受到了限制。勾践立志复国，十年生聚，十年教训，卧薪尝胆。表面上对吴王夫差百般逢迎，终于骗得夫差的信任，被放回越国。

回国之后，勾践依然臣服吴国，年年进献财宝，迷惑夫差，而在国内则采取了一系列富国强民的措施。几年后，越国实力大大加强，人丁兴旺，物资丰足，人心稳定。此时的吴王夫差却被胜利冲昏了头脑，被勾践的假象迷惑，根本不把越国放在眼里。他骄纵凶残，拒绝纳谏，杀了一代名将忠臣伍子胥，重用奸臣，堵塞言路。生活淫靡奢侈，大兴土木，搞得民穷财尽。

公元前473年，吴国颗粒难收，民怨沸腾。越王勾践选中吴王夫差北上和中原诸侯在黄池会盟的时机，大举进兵吴国，吴国国内空虚，无力还击，很快就被越国击破灭亡。

吴王夫差只看表面不看本质，被勾践的假象迷惑，即无慧眼；他骄纵凶残，拒绝纳谏，即无洞察本领，最终落得个国破家亡的下场。

第九章 主 名

原文

循名而为[1]，按实而定，名实相生，反相为情。名实当则治，不当则乱。实生于德，德生于理，理生于智，智生于当。右主名[2]。

注释

①循名而为：采取符合名分的行动。②主名：名实相符。

译文

依照名分去考察实际，根据实际来确定名分。名分和实际互为产生的条件，反过来又互相表现。名分和实际相符就能得以治理，不相符就容易产生动乱。名分从实际中产生，实际从意愿中产生，意愿从分析中产生，分析从智慧中产生，智慧就产生于适当。以上讲名实相符。

鬼谷锦囊

一个修养良好、知识渊博且谦虚低调的人，所作所为、言行举止都遵循着相应的道德规范，因此，能够受到众人的好评，带来良好的名声。名声越好，就越会按照道德规范行事，就越会受到他人的称赞，从而达到名副其实的境地。

延伸阅读

明朝中叶，有一位政声颇著的官吏，他的名字叫邵清。邵清，字士廉，南京人，他的为人与他的名字一样——清正廉明。

弘治五年（1492年），邵清乡试中举，次年授官江西德化（今江西省九江市）教谕。教谕虽然只是个很小的小官，却掌管县儒学生员的教诲之责。邵清不以职卑为轻，任教谕九载，“俸入之外，一钱不取；诲生徒，暑寒罔间，力变习俗。”确实是以身作则，为人师表。弘治十七年（1497年），他部试第一，授官监察御史。以教职而授监察御史，此前尚无先例。

邵清起初受命督办卢沟桥抽分（征收），他“痛革宿弊，奸无所容”。到正德初年他又受命巡办长芦盐政，兼理河道。他核实余盐，革除弊政，抚恤灶丁，结果“势豪盐商，凛凛重足立，贪吏多弃印绶去”。

邵清办事清正刚直，论劾处置的多为权贵，又不肯稍有姑息，即使有人请托都御史出面讲情，他也不肯买账。邵清因此得罪了不少权贵富豪，为他们所嫉恨，不久便因宦官和富商合谋诬陷，被置于午门下用刑。家里人来看他，不由失声落泪。邵清却坦然受刑，并劝慰家人道：“我非自败名节，以辱先人至此，况得失在我，何哭为！”此后邵清被免职家居，他也乐得闭门谢客，每日在园中种菜，在书房教子，过着清贫的生活。

嘉靖初年（1522年），邵清再次被起用为云南按察司佥事，但他依然不改当日的清直之风。初至任，便为属官辩诬，又巡视诸寨，修城垣，召商贾，办了不少利民之事。

滇南一带，素以出珍奇闻名，邵清却一毫不取，所入只是分内的廪禄柴薪而已。等到入京办事时，随身携带除了行李图书，此外一无长物。邵清自己清正，对属下也约束极严，史书中称他：“下至胥吏舆台，一无所染。”深为当地少数民族所悦服。

邵清晚年辞官家居，回到南京，就连自己居住的地方也没有，只好借住在岳父家中。他一生为官清正，家无余赀，以致贫困到连吃饭都困难了，常常到了中午，家里还没能举火烧饭。可是邵清却毫无怨言，依然过得十分自在。

有一天，督学御史林有孚到邵清家中来拜访，两人谈得非常投机，可是始终对坐而谈，也不见家人备茶待客，原来邵清家中已贫得无茗具可设。林御史知道后感叹而去。

当时有人将朝廷没收的官田送给邵清，帮他借以养家，邵清却断然推辞，不肯收受。他就这样清贫地度过了晚年。

在他 80 岁那年，终于在贫困中病倒了。儿子守在他身边，邵清语重心长地对儿子说道："为己谨独甚难，平生不敢受安逸，唯我与汝自知之。"又说："兢兢业业，过了一生，将盖棺，务保全无过，瞑目时心始放下耳。"这便是他的遗言。几天后，邵清便与世长辞。

邵清是名实相符的清官，他为众人所敬重，为世人所效仿，是难得的好官。不少人一生不是为名就是为利，这二者的确很难分割。但一个追名逐利的人，并不能因此说明他品行不好，道德败坏，判断的依据主要还在于名实是否相符。

品德真正高尚的人，并不会去刻意追求外在的名利，他只是觉得所有的事情都是在自己的义务范围之内，都是自己应该做的，也只有这样的人才能够得到人们的认可，从而名扬千里。

第十三篇　本经[1]阴符[2]七篇

要使精神旺盛充沛，必须效法五龙；培养心志要效法灵龟；要使思想充实，必须效法腾蛇；发挥威力，要效法伏在地上准备出击的熊；散发威势，要效法鸷鸟。

①本经：本，本源、根本；经，经典。这里指基本经典。

②阴符：阴，暗；符，符契。这里指客观事实与主观谋划暗合。

第一章　盛神法五龙

原文

盛神[③]法五龙[④]。盛神中有五气[⑤]，神为之长，心为之舍[⑥]，德为之人[⑦]。养神之所，归诸道[⑧]。道者，天地之始[⑨]，一其纪也[⑩]。物之所造，天之所生。包宏无形化气，先天地而成，莫见其形，莫知其名，谓之“神灵”。故道者，神明之源，一其化端[⑪]。是以德养五气，心能得一[⑫]，乃有其术。术者，心气之道所由；舍者，神乃为之使。九窍、十二舍[⑬]者，气之门户，心之总[⑭]摄[⑮]也。生受之天[⑯]，谓之真人。真人者，与天为一。而知之者，内修炼而知之，谓之圣人。圣人者，以类[⑰]知之。故人与生一，出于化物[⑱]。知类在窍[⑲]，有所疑惑，通于心术，术必有不通。其通也，五气得养，务在舍神[⑳]。此之谓化。化有五气[㉑]者：志也、思也、神也、心也、德也，神其一长也。静和者养气，养气得其和。四者不衰，四边威势，无不为，存而舍之[㉒]，是谓神化归于身，谓之真人。真人者，同天而合道，执一[㉓]而养产万类，怀天心、施德养，无为以包志虑、思意，而行威势者也。士者，通达之，神盛乃能养志。

注释

③盛神：盛，旺盛，强盛；神，指人的意识和精神。④五龙：五行中的龙。所谓“五行”，是中国说明宇宙万物变化的传统学说，认为在天地之间，有循环流转不停的金、木、水、火、土，万物就是根据这五种元素而产生，

龙是古代想象中的灵兽，具有超人能力。⑤五气：指心、肝、脾、肺、肾等五脏之气。这里认为气是万物生成的根源，形成风雨、寒暑、阴晴等天地间现象之源。⑥心为之舍：舍，住所。心是五气所住宿的地方。⑦德为之人：德是使人成为人的本源。⑧养神之所，归诸道：根据道来养神，道是万物的根源，也是养神的根本。⑨天地之始：天地的开始，指“道”。⑩一其纪：一是一切的纲纪。⑪化端：变化的开始。⑫得一：一为万物之源。得一，即得到一切。⑬十二舍：是指目、耳、鼻、舌、身、意、色、声、香、味、触、事等。⑭总：总，谓聚合，统领。⑮摄：提起，执持。⑯受之天：由上天传授到人间。⑰类：种类。⑱化物：变化。⑲知类在窍：人之所以能知事类，完全是根据九窍。⑳舍神：使魂魄停止、住下。㉑五气：这里指志、思、神、心、德而言。㉒舍之：住在这里。㉓执一：专一。

译文

要使人的精神旺盛充沛，就要效法五龙。旺盛的精神中包含着五气，精神是五气的统帅，心灵是五气的住所，品德是精神在人身上的表现。凡属培养精神的方法都归于“道”。所谓“道”，就是天地的本源，是天地的纲纪。创造万物的地方，就是天产生的地方。化育万物的气，在天地之前就形成了，可是没有人见过它的形状，也没有人叫出它的名称，只好称之为“神灵”。所以说，“道”是神明的根源，而“一”是变化的开端。品德可养五气，心能总揽五气，于是产生了“术”。“术”是心气的通道，是魂魄的使者。人体上的九个孔和十二舍是气进出人体的门户，都由心所总管。从上天获得生命的人是真人，真人与天融为一体。明白这些道数的人，是通过内心的修炼才明白的，这就叫作圣人，圣人能以此类推而明白一切道理，人与万物一起生成，都是事物变化的结果。人所以能了解事物，都是通过九窍。如果对事物有疑惑不解的地方，就要采取一定的方法去排除，如果仍然不通，那就是方法不当。当九窍畅通之时，五气就会得到滋养，滋养五气就要使精气留住，这就是所说的“化”。所谓化，必须有五气，主要是指志向、思想、精神、心志道德而言，其中“神”是五气的统帅。如果宁静、祥和就能养气，养气就能得到祥和。这四个方面都不衰弱，周围就构不成威胁，对这种情况可以用“无为”来处之。把五气寓于自身，就是所谓神化，当这种神化归于自身时，那就是真人了。

所谓真人，就是已经把自身和自然融为一体，和大道彻底符合，坚守无为法则来化育万物，他们以大自然的胸怀，广施善德来滋养五气，本着无为法则，包容智虑、思意，施展神威。士人如能心术通达，心神盛大，就能修养自己的心志。

鬼谷锦囊

在这里，文章重在讲述积蓄力量的问题。“盛神”即积极努力，积蓄力量的过程。因此，我们要学会利用宝贵的时间来加强内功的修炼，善于积累，不断磨炼，加强自己的竞争能力，一旦时机成熟，便可迅速出击，锐不可当。而如果时机未到，肆意妄行，势必会造成失败的后果。

延伸阅读

人身上有五气，即心、肝、脾、肺、肾。精神是五气的统帅，心灵是五气的住所，品德是五气的根本。“养神之所”在于道，而道是神明的根源，品德可以养五气，心志自然可以生术，而术又是心气所借用的手段，是灵魂的使者。九种器官、十二种住处都是气的出入口，都由心来管制，这些都是与生俱来的。

农夫在地里同时种了两棵一样大小的果树苗。第一棵树拼命地从地下吸收养料，储备起来，滋润每一根枝干，积蓄力量，默默地盘算着怎样完善自身，向上生长。另一棵树也拼命地从地下吸收养料，凝聚起来，开始盘算着开花结果。

第二年春，第一棵树便吐出了嫩芽，憋着劲向上长。另一棵树刚吐出嫩叶，便迫不及待地挤出花蕾。

第一棵树目标明确，忍耐力强，很快就长得身材茁壮。另一棵树每年都要开花结果。刚开始，着实让农夫吃了一惊，非常欣赏它。但由于这棵树还未成熟，便承担开花结果的责任，累得弯了腰，结的果实也酸涩难吃，还时常招来一群孩子石头的袭击。甚至，孩子会攀上它那羸弱的身体，在掠夺果子的同时，损伤着它的自尊心和肢体。

时光飞转，终于有一天，那棵久不开花的壮树轻松地吐出花蕾，由于养分充足、身材强壮，结出了又大又甜的果实。而此时那棵急于开花结果的树却成了枯木。农夫诧异地叹了口气，将那根瘦小的枯木砍下，烧火用了。

有时不急于表现自己的人恰恰正是最富有竞争力、生命力最强、最有前途的人。

积累不够，就急于表现，只能是昙花一现，甚至会给自身带来伤害；而厚积薄发、水到渠成的人则会长久地享受成功的愉悦。

第二章　养志法灵龟

原文

养志[1]法灵龟[2]。养志者，则心气[3]之思不达也。有所欲，志存而思之。志者，欲之使也。欲多则心散，心散则志衰，志衰则思不达也。故心气一则欲不偟[4]，欲不偟则志意不衰，志意不衰则思理达矣。理达则和通，和通则乱气不烦于胸中。故内以养志，外以知人；养志则心通矣，知人则分职明矣。将欲用之于人，必先知其养气志。知人气盛衰，而养其气志；察其所安，以知其所能。志不养，心气不固；心气不固，则思虑不达；思虑不达，则志意不实；志意不实，则应对不猛；应对不猛，则志失而心气虚；志失而心气虚，则丧其神矣；神丧则仿佛[5]，仿佛则参会[6]不一。养志之始，务在安己[7]；己安则志意实坚；志意实坚则威势不分。神明常固守，乃能分之。

注释

①养志、培养志向。②灵龟：指用来占卜的龟。③心气：指神。④偟(huáng)：彷徨，徘徊不定。⑤仿佛：两者似而难辨，觉得相像。⑥参会：参，通“叁”。指志、心、神三者交汇。⑦务在安己：务，必须；安己，假如欲望少，心就会安静。

译文

养志的方法要效法灵龟，思维不畅达的人要培养自己的志气。一个人心中有欲望，才会有想法使欲望化为现实。所谓“志向”不过是欲望的使者，欲望过多了，则心力分散，意志就会薄弱，就会思力不畅达。

如果心神专一，欲望就不会多，欲望不多，意志力就不会衰弱，意志力不衰弱，思想就会畅达，思想畅达则心气和顺，心气和顺，心中就不会烦乱。

因此，人对内要养气；对外要明察各种人物，修养自己“五气”就心情舒畅，了解他人，才能知人善任。

我们想要任用人，一定要先知道他养气的功夫，知道他心气的盛衰，知道他的心志状态，看其养气修志，观察他是否稳健，就知道他的能力。

不修养心志，“五气”就不稳固；“五气”不稳固，思虑就不畅达，思虑不畅达意志就不坚定，意志不坚定反应就不快捷；反应不快捷，就会失掉信心，心气就会虚弱；如果心气虚弱就会失神丧志，如果失神丧志就会精神恍惚；精神恍惚，“志”“心”“神”三者就不协调了。

修养心志之始，定要先安定自己。自己心志安定了，意志才坚定。有了坚定的意志才能有神威，神威固守，才能调动一切。

鬼谷锦囊

只有欲望的产生，才有想法的出现，让欲望变成一种现实，就是所谓的“志向”。欲望太多，就会导致心力分散；如果能够做到心神合一，欲望就无机可乘；没有了欲望，就会心力集中、意志坚强、心情舒畅，烦恼自然随风而去。因此，我们要做到对内养气，对外明察各种人物，修身养性。

要想重用他人，就必须先了解他人，掌握他人培养心志的途径，只有这样，才能判断他是否能够真正胜任。那些五气不稳、思虑不畅、意志薄弱的人，往往反应迟钝、缺乏信心、底气不足，甚至还会出现精神恍惚的现象，这样的人，“志”“心”“神”不协调，是无法委以重任的。

延伸阅读

在实际生活中，要培养心志，修身养性，首先就要安定自己，心无杂念，唯有这样，意志才能坚定，思虑才能畅通，“五气”才能稳固，才能显示出自己的神威，神威固守，才能调动一切。

贤明仁厚的帝尧担任部落联盟的最高首领几十年，日夜为人民操劳，更为黄河之患忧虑。他想做的事情还很多，可惜现在人老了，力不从心，于是想挑选一个接班人。

放齐向帝尧推荐尧的嗣子丹朱。尧说：“丹朱是个很不虚心的人，又好争论一些无原则的是非，这样的人不会老老实实为人民做事，不可用。”帝尧转向四岳：“你们哪一个能当我的接班人？”四岳均谦让不受，说自己才疏学浅，不能担此重任。

尧说：“既然这样，你们就推荐一个吧！不管近亲还是远戚，是官是民，只要才能兼优就行。”

四岳都说：“冀州有个平民叫虞舜，母亲早逝，父亲瞽叟双目失明，靠种田捕鱼为生。他勤劳、诚恳、朴实，尤其是家庭关系处理得很好。舜有个弟弟名象，后母所生。后母不讲礼，弟弟很傲慢，父亲听后母挑唆，几次想把舜弄死，但舜仍然对父母很孝顺，对弟弟也很友爱，一家人很和睦。这种人一定能够担当大任。”尧听了觉得可以，但必须亲自考察一番，便把两个女儿娥皇和女英嫁给已三十尚未结婚的舜为妻，又命令九个儿子和舜一起工作，以便观察舜的为人。

舜成亲后，要求妻子孝敬公婆，尽儿媳的职责，关照弟弟，尽大嫂的本分，并没有因为妻子出身高贵而破坏家庭的规矩。舜对尧的九个儿子要求都很严格，无丝毫迁就之心。舜在历山开荒种地，由于和气谦让，同他一起开荒种地的人都能互让田界，融洽相处。舜去雷泽钓鱼，雷泽的人看见舜谦逊和气，都不好意思与他争执。舜在河边做陶器，仔细认真，一点不合规格就重做。那些做工马虎的人见了，既感到惭愧，又非常羡慕，便跟着舜学，渐渐地就做精致了。舜的品德在人们中产生了很大感召力，大家都愿意亲近他。他的住所本来很偏僻，但一年后就变成了村落，两三年就成为热闹的城镇。

尧很赏识舜的作为，经过一段时间的考察，认为舜的品德的确很好，而且能够从容应付各种棘手的事情，于是就要舜帮助他掌管行政方面一些事物。

舜上任后，很注意选拔人才。当时高阳氏有八个才子，人们称之为“八恺”，高辛氏有八个才子，人们称为“八元”，都贤明正直，多才多艺，都被舜推荐出来协助工作。舜帮助尧办理政事，不管做什么，都办得井井有条，因此，受到各部落的首领和远方来朝宾客的尊敬。经过几年的考察，尧认定舜可以做他的接班人，就把最高首领的位置让给了舜。尧正是因为了解舜的心志状态，知道他的能力，才做到知人善任。

养志的目的就是要使自己安定，意志坚定精力集中。对外要明察各种人物，知道他们的意志状态，知道他们的能力，才能做到知人善任。而“帝尧禅让”的故事就说明了这一点。

在现实生活中，要达到“养志”的目的，首先就要安定自己的内心，努力做到心神合一，这样，欲望便无机可乘。世界上的事情纷繁复杂，只要意志坚定，心神合一，反复实践，就能顺利掌握其中的规律，事情也就变得得心应手、运用自如了。

第三章　实意法塍蛇

原文

实意法塍蛇[①]。实意[②]者，气之虑也。心欲安静，虑欲深远；心安静则神明荣[③]，虑深远则计谋成；神明荣则志不可乱，计谋成则功不可间。意虑定则心遂安，心遂安则所行不错[④]，神者得则凝[⑤]。识气寄[⑥]，奸邪得而倚之，诈谋得而惑之，言无由心矣。故信心术[⑦]，守真一而不化，待人意虑之交会，听之候之也。计谋者，存亡枢机[⑧]。虑不会，则听不审[⑨]矣，候之不得。计谋失矣，则意无所信，虚而无实。故计谋之虑务在实意，实意必从心术始。无为而求安静，五脏和通六腑[⑩]。精神魂魄固守不动，乃能内视、反听[⑪]、定志，思之太虚，待神往来，以观天地开闭，知万物所造化，见阴阳之终始，原人事之政理。不出户而知天下，不窥牖[⑫]而见天道。不见而命，不行而至，是谓"道"。知以通神明，应于无方[⑬]而神宿[⑭]矣。

注释

①塍（téng）蛇：传说中的神蛇，能腾云驾雾，在云中飞舞。②实意：实，充实，充满；意，意思，思虑。③神明荣：神，精神、神志；明，聪明；荣，繁茂、旺盛。④心遂安，则所行不错：如果内心平安，就不会有错误。⑤凝：稳定、巩固。⑥寄：依附。⑦信心术：使心术诚明。⑧枢机：关键、重点。⑨审：详细，周密。⑩六腑：指胆、胃、膀胱、小肠、大肠、三焦（指自舌的下部沿胸腔至腹腔的部分）。⑪反听：听取他人的意见。⑫牖

(yǒu)：窗户。⑬无方：无限的世界。⑭神宿：神明留住心中。

译文

要坚定意志，就要效法螣蛇。坚定意志就是要在五气和思想上下功夫。心情要安祥宁静，思虑要周到深远。只要心情安祥宁静，精神就会愉快；只有思虑深远，计谋才能成功。精神愉快，心志就不会紊乱；计谋成功，功业就不可抹杀。

意志和思虑能安定，心情就能安详，其行为没有差错，精神就能宁静。如果胆识和心气只是暂时寄住，那么奸邪就会乘机而入，阴谋也会乘机来施展，所讲的话也不是经过用心考虑的。因此要坚信通达心灵的方法，信守纯真始终不变，静静地等待意志和思虑的交汇，听候期待这一时机的到来。计谋是国家存亡的关键，思虑不和意志交汇，所听到的事就不详明。即使等候，时机也不会到来，计谋也就失去了作用，那么意志也就无所依赖，计谋也就成了虚而不实的东西。所以，思虑计谋时务必要做到意志坚强，心气宁静。无为要求安五脏和通六腑，使精神、魂魄固守纯真，不为外界所动。于是就可以对内自我省察，对外听取消息。凝神定志，神游太虚幻境，等待时机和神仙往来，观察开天辟地的规律，了解自然界万物演变的过程，揭示阴阳变化的规律，探索人世间治国安邦的道理。这样自己不出门就能知晓天下大事，不开窗就能看见天道，没看见民众就发出命令，没推行政令就天下大治，这就是所谓的“道”。它能和神明交往，和无限的世界相应和，并可以使神明长驻心中。

鬼谷锦囊

“心欲安静，虑欲深远”，人要实现理想，干出一番大事业，就必须意志坚定，思虑要周到深远，做到心欲安静则神明英，虑深远则计谋成，神明荣则志不可乱。

延伸阅读

计谋是国家兴衰的关键，只有谋划周密、考虑周全，才能取得成功。

战国时代，齐楚为土地而发生争执。楚襄王谋定而后动，用慎子之谋，统纳众臣之议，终于保住了五百里国土。

楚襄王做太子时，曾在齐国当人质，楚怀王死后，太子要赶紧归国继承君位。齐王却乘机要挟他，提出以楚国东部五百里土地作为交换条件，不然就不放他回去。太子向身边随臣慎子求教。

慎子认为，回国继承君位是大事，可以先答应齐国的要求，余下的事以后再说。太子回国继承了君位，即为楚襄王。

不久，齐国便派使者带领兵车五十辆，前来索要先前答应的五百里土地。襄王很为难，又向慎子讨主意。

慎子说："明日您上朝时，召见众臣，让大家都献计。"

第一个献策的是上柱国子良，他说："不能不给，身为君主，金口玉言。过去已经答应，现在不给就是不讲信用。那样，日后在诸侯国也难以取信。应当先给，然后再出兵夺取回来。先给他，表明我们言而有信。再次取回来，证明我们武力强大。"

子良退出，昭常入见襄王说："不能给。我们楚国能够号称万乘之国，就是因为地盘广大。如今割去东部五百里土地，楚国就去掉了一半，岂非徒有万乘之名而无万乘之实？坚决不能给！请求大王让我领兵去东部镇守边境。"

昭常退出，景鲤入见，他说："不能给。不过，以楚国自己的力量也难以守住。莫如答应给他，以践约守信。请大王再派我去求救于秦，助我守地。"

景鲤出，慎子最后入见。

楚襄王便把子良、昭常、景鲤三人的主张都讲给慎子，并且说："众说纷坛，我将何所适从?"

"大王可以先让上柱国子良前往齐国献地；第二天，派昭常去东部镇守；第三日，再派景鲤去向秦国求救。"慎子说。

楚王便依计而行。

子良到了齐国，告知齐王同意立即献地之事。可是，当齐国派兵去东部接管地盘时，守将昭常却说："我奉命守此东地，便当守职尽责，与国土共存亡。如果你们一定要夺取这块土地，我这五尺男儿，还有上至皓首老人，下至三尺儿童，以及三十多万楚国士卒，都愿为守护东部国土而献身！”

齐王闻讯，便谴责子良说：“大夫你亲自前来献地，如今又令昭常镇守，这是何故！”

子良说：“我奉楚王之命前来献地是真，昭常不给是有违君命。请大王出兵东地攻打昭常便是。”

于是，齐王大举兴兵攻打东地。但还未到达楚国边界，秦国已出动五十万大军兵临齐国。秦军统帅派使者致意齐王说：“当初齐国阻止楚太子归国继承君位，并乘机要挟索要土地，这是不仁；如今又出兵强行攻占楚国土地这是不义。如果退兵便罢，不然我就不客气了。”

齐王唯恐后方有闪失，只好让子良回归楚国，并派使者赴秦讲和。结果，楚国既保住了东部五百里国土，又未失义于天下。

客观事物总是相互联系相互作用的。楚襄王遇有疑难，能够做到先谋而后动，可以说是明智之举。子良、昭常、景鲤三人的建议截然不同，而慎子却善于各取其长，互为补充，形成一个保全国土的上上之策，这样的一谋统三筹，慎子不愧是大智之人。

人无远虑，必有近忧。如果不考虑长远利益，就无法谋划当前的问题；如果不考虑全局利益，就无法处理局部问题。只有谋深计远，及时认识和掌握事物变化发展的规律和趋势，事先采取相应的对策，才能做到知人所不知，见人所不见。

第四章　分威法伏熊

原文

分威[①]法伏熊[②]。分威者，神之覆[③]也。故静固志意，神归其舍，则威覆盛矣。威覆盛，则内实坚；内实坚，则莫当；莫当，则能以分人之威，而动其势，如其天。以实取虚，以有取无，若以镒称铢[④]。故动者必随，唱者必和，挠其一指，观其余次，动变见形，无能间者。审于唱和，以间见间，动变明，而威可分。将欲动变，必先养志，伏意以视间。知其固实者，自养也。让己者，养人也。故神存兵亡，乃为之形势。

注释

①分威：影响很远，威势盛大。②伏熊：想要进行偷袭的熊，首先要把身体伏在地上，然后才采取行动。③覆：覆盖，遮盖。④以镒称铢：容易移动的意思。镒是重量单位，相当于二十四两；铢，二十四铢为一两。

译文

隐蔽威风，就要效法伏熊。所谓分威，就是把威风隐藏起来。要平心静气地坚持自己的志向，使精神归于心舍，那么威风就会显得更加强劲。威风因隐伏而强劲，内心就更坚定有底。内心坚定，就所向无敌。所向无敌，就可用分布隐伏威风来壮大气势。使其像天一样壮阔。用实来取虚，以有来取无，就像用镒来称铢一样轻而易举。因此，只要行动，就必定有人追随；只要呐喊，就会有人附和。只要屈起一个指头，就可以观察其余手指的活动，只要能见到各指活动的情形，就说明外人无法离间他们。如果通晓唱和的道理，就可用离间的手法去加大敌人的裂痕。如果审察透彻，就能让敌人的弱点暴露出来。这样行动就不会盲目，威势也可以分散一些。将要有所行动必须先修养心志，隐蔽自己的实力，暗中观察对手的漏洞。凡是意志坚定的人，就是能自我养气的人。凡是谦逊的人，就是能替人养气的人。因此要设法让精神的交往发展下去，让武力争斗得以化解。这就是所要实现的形势。

鬼谷锦囊

“分威”就是把自己的实力、神威隐藏起来，以实来取虚，以有来取无。“实”就是军队的勇、强、治、有备等强点；“虚”就是怯、弱、乱、寡、无备等弱点，要善于利用对方的弱点来取胜对方。

在特殊的形势下，用伪装的方法将真正的志向和动机隐藏起来，使自己不受外来的干扰和侵略，便于保存和发展自己。原本能够攻下却装作不能，原本能够守住却假装不能，有战斗能力却装作没有。通过伪装来迷惑敌人，让其陷于被动地位，乘势战而胜之。

延伸阅读

运用这样的谋略方法，应注意掌握谋略对抗的全局，在可能的基础上掩饰自己，设下骗局。一旦敌人上当，便采取正确进攻的方法以战而胜之。

唐宪宗时，戎族和羯族进攻中原地区，皇帝下令，调动南梁的五千人马，前往京师驻镇。南梁军队刚要出发，众人叛乱，赶走了他们的统帅。聚集起来抗拒王命。这种状况持续了一年多。唐宪宗为此事深感不安。这时候京兆尹温造请求单枪匹马前往处理此事。他到了南梁境内，南梁人看见只是来了一个儒生，温文尔雅，认为不会有所作为，因此放松了对他的警惕。

温造到达目的地后，只是宣读了皇帝的诏书，对大家安抚和问候一番，对于作乱之事只字未提，仿佛没有事情一般，就连南梁军队中那些挑头作乱、全副武装的人，温造也装作没看见。

有一天，温造在操场中设置乐队演奏乐曲，全军战士都前往操场听乐曲，温造叫军人在长廊下边吃饭，饭桌的前边正对着长廊的台阶，南北两行设置了两根长绳，让军人各自在面前的长绳上挂上他们的刀剑，然后吃饭。酒宴刚开始，忽然响起了一声鼓，温造手下的人站在长廊的台阶上，从两头齐力平举两根绳索，于是所有的刀剑瞬间离开地面三丈多高。没有武器的军人们显得一片慌乱，根本无法施展他们的勇武。这时温造把门关上，命令手下的人斩了这些叛军。从此以后，南梁地方的人再也不敢谋反了。

温造采取既往不咎、若无其事的态度来稳住叛军，当对方松懈之时，便突然发起袭击，将他们一举歼灭。温造的计策，也显示出了他外柔内刚的一面。

当形势不利于自己的时候，要善于伪装自己，表面上装疯卖傻，给人以碌碌无为的印象；

要善于隐藏自己的真才实学，掩盖内心的政治抱负，以免引起他人的警觉，等时机一到，便一举进攻，实现自己的理想。

不露锋芒，也许永远得不到重用；但锋芒太露，又难免招人陷害。虽然取得暂时的成功，却为自己掘好了坟墓，当你施展自己才华的同时，也埋下了危机的种子。因此，才华的显露要适可而止。

“大智若愚，大巧若拙。”做人要低调，要尽量掩饰自己的聪明，不向他人夸耀或抬高自己，注重提高自身的修为和素质，对待事情能持开放的态度，真心实意地踏实做事。尤其是身处职场，学会收敛和隐匿锋芒，不仅能保护自我，还可以充分发挥自己的才能，要克服、战胜骄傲自大的心理，凡事不要太张扬，要让自己养成谦虚让人的美德。

第五章　散势法鸷鸟

原文

散势法鸷鸟[1]。散势者，神之使也。用之，必循间而动。威肃、内盛，推间而行之，则势散。夫散势者，心虚志溢。意失威势，精神不专，其言外而多变。故观其志意为度数，乃以揣说图事，尽圆方、齐长短。无间则不散势；散势者，待间而动，动而势分矣。故善思间者，必内精五气，外视虚实，动而不失分散之实；动则随其志意，知其计谋。势者，利害之决，权变之威。势散者，不以神肃察也。

注释

①鸷鸟：凶猛的鸟，如鹰、雕之类。

译文

舒展气势就要效法鸷鸟。气势是由精神支配，实施时必须沿着一定的空隙运行，才能威风壮大、内力强盛。如果寻找空隙运行，那么气势就可以散开。气势散开的人，能包容和决定一切。意志力一旦丧失威势，精神就会陷于涣散，言语就会外露无常。为此，要考察对方意志的度数，以便用揣摩之术来谋划大事，比较方圆，衡量长短。如果没有空隙就不分散气势。所谓散势，就是等待适当时机而行动。一旦采取行动，气势就会分散。因此，善于发现对方漏洞的人，一定要对内精通五气，对外观察虚实。即使行动，也不使自己失之于分散。行动起来以后，就要跟踪对方的思路，并掌握对方的计谋。有气势，就可以决定利弊得失，就可以威胁权变的结局；气势一旦溃败，就没有必要再去认真研究了。

鬼谷锦囊

在各种竞争中，要培养自己的气势，树立自己的威信，就要保持内部坚实、士气旺盛，要顺利地控制和利用对方的各种权势，要善于观察对方的虚实，发现对方的漏洞，揣摩对方的计谋，一旦对方出现漏洞，就立即采取行动，从而使自己立于不败之地。

商场如战场，重要的是谁先占得先机。能够乘隙而入，抢占先机，即使再强大的敌人也总有他的薄弱之处；任何商业市场，也总还有空缺的需求。要做到乘隙而入，首先就要进行冷静的分析，只有找准了才能进入。

延伸阅读

要达到散发威势的目的，就要善于利用对方的间隙采取行动，只有这样，威势才能发散出去。在散发威势的过程中，要保持思绪稳定，才能保证考虑周到；要让意志充沛，才能顺利地进行决断。假如出现意志衰弱的现象，就会导致威势的丧失；假如精神上不能够做到专一，那么，在说话的时候就会出现断断续续甚至前后矛盾的情况。

因此，我们要善于观察对方的思想意志和从事标准，通过运用揣摩之术来对他进行游说，并采取不同的政治策略来谋划各种各样的事情，有时圆转灵活，有时方正直率。假如缺少间隙或意志等主客观条件的话，就不能将威势顺利地散发出去，因此，散发威势必须等待间隙而采取行动。那些善于发现间隙或时机的人，会紧紧地抓住对方的思想意志，及时了解对方的计谋，而不会轻易地失去散发威势的实效。

古人云：善战者，见利不失，遇时不疑。讲的就是要善于捕捉战机，看准对方在移动中出现的漏洞，抓住最薄弱的地方，乘虚而入，最终取得胜利。当然，小利是否应该必得，这就需要从全局出发，只要不会造成“因小失大”的后果，即使小胜的机会也不应该放过。

唐朝中期，各镇节度使都拥有军事、经济大权，根本不把朝廷放在眼里。蔡州节度使的儿子吴元济在父亲死后，起兵叛乱。唐宪宗派大将李愬任唐州节度使，剿灭吴元济。

李愬刚到任就放风麻痹吴元济，散布说，我只是一个懦弱无能的人，朝廷派我来，只是为了安顿地方秩序，至于攻打吴元济，与我无干。吴元济观察了李愬的动静，见他毫无进攻之意，也就不把李愬放在心上了。

其实李愬一直在思考攻打吴元济老巢蔡州的策略，他趁机擒获了吴元济手下的大将李佑，并对其以礼相待，李佑也因此大受感动。李佑告诉李愬，吴元济的主力部队都部署在洄曲一带，防止官军进攻，而防守蔡州城的不过是些老弱残兵。蔡州是吴元济最大的空隙，如果出奇制胜，应该迅速直捣蔡州，活捉吴元济。

在一个雪天的傍晚，李愬率领精兵抄小路，神奇地直抵蔡州城边，趁守城士兵呼呼大睡之际，爬上城墙，杀了守兵，打开城门，部队静悄悄涌进了城。

待吴元济从睡梦中惊醒，发现宅第已被围困，负隅顽抗，终于被捉。李愬将吴元济装进囚车，押往长安。驻扎在洄曲的董重质见大势已去，也向李愬投降。

李愬能够取得最后的胜利，关键在于他懂得如何捕捉战机，能够看准吴元济在活动的过程中所出现的漏洞，抓住最大的空隙并乘隙而入。

第六章 转圆法猛兽

原文

转圆法猛兽[1]。转圆者，无穷之计也。无穷者，必有圣人之心，以原不测之智。以不测之智而通心术，而神道混沌为一，以变论万类，说义无穷。智略计谋，各有形容[2]，或圆或方、或阴或阳、或吉或凶、事类不同。故圣人怀此之用。转圆而求其合。故与造化者为始，动作无不包大道，以观神明之域。天地无极，人事无穷[3]，各以成其类。见其计谋，必知其吉凶、成败之所终也。转圆者，或转而吉，或转而凶。圣人以道先知存亡，乃知转圆而从方。圆者，所以合语；方者，所以错事[4]；转化者，所以观计谋；接物者，所以观进退之意。皆见其会。乃为要结，以接其说也。

注释

①转圆法猛兽：要把智谋运用得很滚动圆球一样，就要效法猛兽。转兽，是指变化无量的战略。②形容：形象。③天地无极，人事无穷：天地永远无边无际，人间也有无穷的吉凶循环。④错事：错，通“措”。错事，安置事物。

译文

要把智谋运用得像转动圆球一样，就要效法猛兽。所谓转圆，是一种变化无穷的计策。要有无穷的计策，就必须有圣人的胸怀，以施展深不可测的智慧，再使用深不可测的智慧来沟通心术。哪怕在神明和天道混为一体之时，也能推测出事物变化的道理，能解释宇宙无穷无尽的奥秘。不论是智慧韬略还是奇计良谋，都各有各的形式和内容。或是圆略，或是方略，有阴谋、有阳谋、有吉智，有凶智，都因事物的不同而不同。圣人凭借这些智谋的运用，转圆变化以求得与道相合。从创造化育万事万物的人开始，各种活动以及行为没有不和天道相合的，借此也能反映自己的内心世界。天地是广大无边的，人事是无穷无尽的。所有这些又各以其特点分成不同的类别。考察其中的计谋，就能知道成败的结果。所谓转圆，或转而吉，或转而凶。圣人凭借道来预测存亡大事，于是也知道了转圆是为了就方。所谓圆，就是为了便于语言合转；所谓方，就是为使事物稳定；所谓转化，是为了观察计谋；所谓接物，是考察进退的想法。对这四种办法要融会贯通，然后归纳出要点以及结论，以发展圣人的学说。

鬼谷锦囊

在生活中，最可怜的莫过于那些遇事举棋不定、犹豫不决、不知所措的人，这样的人很难得到他人的信任。如果要成就一番大事，首先就必须学会做出敏捷、坚毅的决断，这样，无论在何时何地都会让你受益无穷。它可以让你比以前更加自信，甚至比以前更容易得到他人的信任。相反，那些没有自己的主见，不能快速地进行抉择、凡事依靠别人生存的人，是注定一事无成的，最终只能被他人所摒弃。

延伸阅读

行事要效法猛兽扑食，行动迅速，达到以速取胜的目的。快速用兵，就要善于捕捉和创造战机，让指挥变得果断决策，切忌优柔寡断，犹豫不决，还要审时度势，见机行事。

天赐良机往往稍纵即逝，要抓住这些良机，就需要具备果断的素质。当然，果断并不等于草率，更不等于鲁莽，草率与鲁莽往往是那些愚昧无知和粗心大意者的伴生物，而果断则是经过深思熟虑做出的迅速而准确的反应。当机遇来临时，就必须快速地做出决策，让决策产生效用，否则，错失良机，即使再周密的决策也是徒劳无益的。

公元249年春，魏帝曹芳到洛阳城南九十里的高平陵（魏明帝陵）去祭祀，曹爽和其弟中领军曹羲等人陪同，司马懿一看时机已到，便迅速部署人马将洛阳所有的城门关闭，并占领了武器库，接管了曹爽和曹羲的军营，又派兵到了洛水的浮桥上，这些都是以皇太后的命令行事的。一切准备就绪之后，司马懿又写了一个奏疏给曹芳，历数了曹爽的罪过，要求罢去他的兵权，不得稽留。

曹爽拿到奏疏后，无疑是一个晴天霹雳，不敢给曹芳看，惶惶然手足无措，不知所为。这时司马懿又派人前来劝说曹爽早早归罪，并指着洛水发誓说，这次行动只免曹爽的官职，其他一切如常，让他不必多虑。

当时有一名叫桓范的，担任大司农，是曹爽的同乡，这人有点智谋，他劝说曹爽当机立断，把天子带到许昌，然后再以天子的名义调动四方人马，可是懦弱的曹爽犹豫不决，迟迟做不出决定。

桓范说："这件事是明摆着，假如你能够和天子相随，号令天下，谁敢不响应呢？而且曹羲另有军营在外，可以随时调遣，从这里到许昌，不过是一天多点的时间，许昌兵库中的兵器足够我们使用，要说担心的也就是粮食，可是大司农的印章在我们这里，你还犹豫什么？"

从天黑一直说到天亮，可曹爽兄弟还是不敢行动。五更时分，曹爽把刀朝地上一扔说："我就算把兵权交给司马懿，仍然有爵位在身，还可以做一个富家翁。"

桓范一看，大哭道："曹子丹（曹爽之父曹真字子丹）这样一个出色的人物，怎么生出你们兄弟俩，比猪还蠢，我也会受你们连累而罪至灭族的。"

于是曹爽将奏疏送到曹芳那里，免官后回到洛阳家里，司马懿马上派人将他软禁起来，又在他住宅四角筑起高楼，派人日夜监视其行动。有时曹爽拿着弹弓到园子里打鸟，角楼上的人就高喊："故大将军朝东南方向走了。"曹爽至此已是一筹莫展。

不久，曹爽等人以阴谋叛逆的罪名被下狱处死。

俗语说：当断不断，反受其乱。如果要成就一番事业，那么，犹豫不决、优柔寡断就是一个致命的弱点，如果不具备果断决策的能力，那么，你的人生就如同漂泊在海上的孤舟，只能任凭风吹雨打，永远也到不了成功的彼岸。

第七章　损兑法灵蓍

原文

损兑法灵蓍[①]。损兑者，机危[②]之决也。事有适然，物有成败。机危之动，不可不察。故圣人以无为待有德，言察辞合于事[③]。兑者，知之也[④]。损者，行之也。损之说之，物有不可者，圣人不为辞也。故智者不以言失人之言。故辞不烦[⑤]而心不虚，志不乱而意不邪。当其难易，而后为之谋，自然之道以为实。圆者不行，方者不止[⑥]，是谓“大功”。益之损之，皆为之辞。用分威散势之权，以见其兑威其机危，乃为之决。故善损兑者，譬若决水于千仞之堤，转圆石于万仞之溪。而能行此者，形势不得不然也。

注释

①灵蓍：蓍，草名，古人常以其茎作占卜之用。②机危：同“机微”，细微，常指细微的征兆。③合于事：核对某种事物。④兑者，知之也：兑能增长知识，加深认识。⑤辞不烦：辞要简单而得要领。⑥圆者不行，方者不止：如果施展巧妙的计谋，即使圆形物也不转动，四角物也不停止，所以能打破对方的一切计谋。圆者、方者指计谋。

译文

要知道事物的损兑吉凶，可以效法灵蓍变化之法。所谓“损兑”，是一种微妙的判断。有些事在一定情况下很合乎现实，有些事会有成有败。那些微妙的变化，不可不细察。所以，圣人以无为之治对待有德之治，他的一言一行都要合乎事物变化的发展。所谓

“兑”，就是以心眼观察外物。所谓“损”，就是排除不利而行之。如果对其减抑，对其说解，事情仍不顺利发展变化，圣人也不会讲明道理。因此聪明人不以自己的言论排斥他人的言论，辞应简明，而心中充满自信，意志不乱心无邪念。遇事根据其难易程度，然后进行谋划，而顺应事物的客观规律则是其根本。（现实中）圆的计谋实施不利，方的谋略就无法停止，这就是大功告成的前提。不论是增益其辞，还是减损其辞，都可以言之成理。用分散实力的权谋，就要发现增加威力之后所显示的危机，并做出决断。所以善于掌握损益变化的人，就像在千丈的大堤上决堤，又如在万仞山谷中转动圆石，运用自如。而之所以能这样做的原因，是形势变化的结果。

鬼谷锦囊

本篇主要指出了观察分析问题的原则。“兑”就是能够用心、眼来观察外物的人；“损”就是能够排除不利而行之。“损兑”是一种微妙的判断，即便是最微小的变化，也不可不细察。

延伸阅读

当外界不赞同你的说辞时，圣人也不会强加自己的意见进行辩解，智慧之人不会因为自己的主张而排斥他人的主张，因此能够做到保持心静而思不乱，坚定志向而不被其动摇。

吕布是三国时期以勇著称的战将，但是由于他屡屡更换门庭，认贼做父，终而死于非命。吕布被擒，表面上死于曹操之手，而实际上死于刘备之言。

当时，刘备占据了徐州，但吕布却乘刘备部将张飞的一时疏忽，袭占了刘备这个根据地。刘备势弱，只好逃驻小沛。表面上虽仍与吕布和好如初，但无时无刻不惦记着报仇。曹操一向爱才，早有收降吕布之心，他素知吕布骁勇善战，武艺天下无双，刘、关、张曾经三战吕布，也只打了个平手。吕布虽然武艺高强，为人却苟且贪生。当他被绑到帐前时，便有意试探地说：“缚得太紧了，请稍松一点。”曹操回答说：“一点都不紧。”吕布却对他说：“你所顾虑的不过是我，如果有我辅佐你，天下何愁不定。”一句话正中曹操的心思，便有宽免收用之意。这时，吕布见刘备立在曹操身边，又恳求刘备能替他说句好话。可惜他万万没有想到，就在他生死关头的那一刻，刘备只慢悠悠地说了一句话，便结束了他的生命。刘备对曹操说："难道您不知道吕布是怎样服侍建阳和董卓的吗?"刘备的话立刻提醒了曹操。当初吕布曾是丁建阳的部下和义子，他投靠董卓时，就亲手杀了义父丁建阳。后来为争貂婵，吕布又杀掉第二个义父董卓。于是曹操立刻命令刀斧手把吕布推出斩首。

刘备进言斩吕布，既为自己报了夺地之仇，又避免曹操收降吕布为大将而增强势力，可谓一举两得。刘备的成功之处就是观察吕布的短处，暗中利用这些事情来达到自己的目的。

考察是识别和衡量一个人能否担当重任的手段和方法。作为领导者，必须学会从外到内去认识人的本质，也就是从外在的容貌、神色、声音、举止等观察其内在的心声。只要加强自己分析事物的能力，处处留心观察，就能练就一双辨别人才的"火眼金睛"。